女儿，你要学会 保护自己

小学版

贾杜晶　著

哈尔滨出版社

HARBIN PUBLISHING HOUSE

图书在版编目（CIP）数据

女儿，你要学会保护自己：小学版／贾杜晶著. —
哈尔滨：哈尔滨出版社，2020.8（2023.4 重印）
ISBN 978-7-5484-5260-7

Ⅰ. ①女… Ⅱ. ①贾… Ⅲ. ①女性－安全教育－少儿
读物 Ⅳ. ①X956-49

中国版本图书馆CIP数据核字（2020）第067880号

书　　名：**女儿，你要学会保护自己. 小学版**
NÜER, NI YAO XUE HUI BAOHU ZIJI. XIAOXUE BAN

作　　者：贾杜晶 著
责任编辑：尹 君 赵 芳
责任审校：李 战
封面设计：王照远

出版发行：哈尔滨出版社（Harbin Publishing House）
社　　址：哈尔滨市松北区世坤路738号9号楼　　邮编：150028
经　　销：全国新华书店
印　　刷：三河市九洲财鑫印刷有限公司
网　　址：www.hrbcbs.com　　www.mifengniao.com
E-mail：hrbcbs@yeah.net
编辑版权热线：（0451）87900271　87900272
销售热线：（0451）87900202　87900203

开　　本：710mm×1000mm　　1/16　　印张：14　　字数：200千字
版　　次：2020年8月第1版
印　　次：2023年4月第2次印刷
书　　号：ISBN 978-7-5484-5260-7
定　　价：39.80元

凡购本社图书发现印装错误，请与本社印制部联系调换。　服务热线：（0451）87900278

前　言

　　女儿，当你呱呱坠地之后，爸爸妈妈捧着你这个粉嫩的小肉团，就在心里下定了决心，要竭尽所能地保护你、呵护你，让你成为这个世界上最幸福的小公主。事实上，你也的确宛如公主一般幸福地长大了，像天底下所有的小女孩一样，你善良、可爱、乖巧……

　　时光荏苒，不知不觉间，你已经长成一个大孩子，成为一名小学生了。你是那么喜欢美丽的校园，喜欢这个五彩缤纷的世界，每天总是对着阳光灿烂地笑着。妈妈多么希望，你可以一直这样无忧无虑，幸福快乐地生活下去呀！可是，放眼这个复杂的现实世界，层出不穷的伤害事件让妈妈不得不开始考虑你的安全问题，想让你具备足够的自我保护意识，对待陌生人不要总是那么单纯善良，因为并不是"你以善良对待这个世界，这个世界就会以同样的善良回报你"。

　　即便是你所熟悉的校园，也并不全是鸟语花香。如果有一天，熟悉的男老师或男校长要求你单独去他的办公室，你会不会不加提防地只身前往？如果有一天，有"不三不四"的朋友诱惑你去酒吧喝酒、去KTV唱歌，你会不会毫无防备地随同前往？如果你和男同学交往没有保持适度的距离，结果遭到了流言蜚语的侵扰，你会不会像只受伤的小猫一样，躲在角落里独自舔舐伤口？为此，妈妈不得不用无数真实的案例来告诉你一个个血淋淋的事实：看似波澜不惊的校园里，还深藏着许许多多你意想不到的危险，你需要保持足够的理智，学会分辨善良和欺骗，这样才能安全地享受美丽的校园生活。

纯洁的校园尚且暗藏着不和谐的音符，更别说本就复杂的社会了。在现实生活中，你需要掌握的安全技巧更多，你需要慢慢学会如何应对陌生人看似"善意"的欺骗；不能接受陌生人给的任何食物、饮料、钱物；即使面对陌生人的夸赞，也要保持清醒的头脑，时刻提醒自己不要落入陌生人设好的陷阱里。面对网络世界和社交软件的各种诱惑，你也需要时刻提醒自己保持谨慎的态度，千万不要被那些看似美好的东西迷乱了心智。

除此之外，妈妈还必须告诉你一些更加残酷的事实：在我们生活的现实世界里，每天几乎都会发生少女被拐骗、被猥亵、被性侵的残忍事件。这些遭受了严重身心摧残的女孩，原本也可以跟你一样，永远做一个无忧无虑、幸福快乐的小公主，可是她们因为缺乏足够的安全意识以及自我保护的技能，不慎落入坏人的圈套，最后惨遭毒手，给身心带来了巨大的伤害。女儿，无论如何，妈妈都不希望你有一天遭受这样的伤害，所以把你可能遇到的所有危险都梳理了一遍，并整理出相应的安全防范措施，希望你能认真学习这些安全知识，从而有效地保护自己。

女儿，妈妈希望你将来能成为一个自尊自爱、内心强大、聪明勇敢的女孩子。因为对于女孩而言，最好的防卫武器就是自己，只有自己强大了，才能更好地防御各种危险。不过，女儿，除了要保护好自己，你还要记住，无论任何时候爸爸妈妈都是世界上最爱你的人，发生再大的事情爸爸妈妈都会陪在你身边，做你最强大的保护神。

女儿，你也要答应爸爸妈妈，会永远珍爱自己的生命，任何时候，都要笑对阳光，做我们心目中最坚强、最快乐的小公主。

目 录

第一章

女儿，你一生平安比什么都重要

　　女儿，你知道吗？在父母心目中，你的平安健康比任何事情都重要。可是，现实生活中有那么多预想不到的危险，妈妈并不能时刻都陪伴在你的身边保护你。当有坏人想诱骗你出去玩耍时，当有陌生人想让你去他家里帮忙时，你怎么办呢？这时候，你要提高警惕，识破其谎言，有效地保护自己。

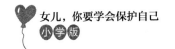

每个女孩都是父母的小公主

女儿，当你呱呱坠地后，爸爸妈妈捧着你这个粉嫩粉嫩的小肉团，就像捧着全世界最珍贵的礼物。那一刻，我和爸爸的内心既欣喜又担忧，欣喜的是，从今以后你将成为我们生命中无比珍爱的小公主，我们将用满满的爱来照亮你的人生路；担忧的是，从今以后你将成为我们生命中最甜蜜的牵挂和担忧，害怕你会受到来自外界的任何一点儿伤害，如果那样的话，那将是爸爸妈妈一生中难以承受的锥心之痛。

在你6岁生日时，爸爸妈妈曾问你："宝贝，你今年想要一个什么样的生日礼物？"你毫不犹豫地笑着说："我想要一件长长的公主裙，就像《冰雪奇缘》里面艾莎公主穿的那样的。"我们知道，在你的心里，一直都藏着一个美好的公主梦，你希望自己能够像童话故事里的公主那样，拥有神奇的魔力，随手一挥魔法棒，就能将世界变成你想象的样子。

女儿，看着你挥舞魔法棒的幸福模样，妈妈的心里却在那一瞬间掠过了一丝酸涩。为什么呢？因为妈妈不忍心告诉你，公主所幻想的童话世界，在现实世界里是不存在的。

妈妈带你去外面玩耍的时候，遇到小区门口的保安叔叔、街道上的环卫伯伯，你都能热情地问候一句"叔叔早上好""伯伯早上好"，每每这时，我都能从你的眼睛里读到自豪和骄傲，此时的你在妈妈眼里就是一个热情而有礼貌的小公主；带你坐公交车外出时，年幼的你看到头发花白的爷爷奶奶上车，便会乖巧地站起来，倚坐在妈妈怀里，主动将自己的座位让给别人……那一刻，我也会从你略带羞涩的眼神里读到你的喜悦和激动，此时的你多像一个乐于助人的小公主哇！

可是，妈妈有时候却会担忧，这么善良美好的你，可能还不知道这个世界也有不光明的一面。在你微笑着对待这个世界的时候，谁又能保证这个世界回应你的同样是善良和美好呢？因此，妈妈决定，还是要跟你好好地聊一聊这个世界并不光明的一面，让你擦亮双眼，从而有效防范危险和伤害。

2018年的11月底，广东湛江有一位大婶不慎骑车摔倒，一个十来岁的小女孩立刻上前将她扶起。不料这位大婶却一把抓住小女孩，诬陷小女孩撞倒了自己，非要小女孩赔钱。这种情况下，小女孩委屈地快要哭了，幸好有一位路过的老伯目睹了整个事件的经过，立即跑过去为小女孩做证，小女孩才得以解脱。

2016年1月，在广东佛山发生了一件令人悲愤的案件。11岁的女孩小珊在上学的路上，碰到了一名向她求助的男子。这名男子说，自己女儿的作业本忘记带到学校了，问小珊能否跟他回家取一趟作业，然后由小珊帮忙送到学校。善良的小珊毫不犹豫地答应了，于是跟着男子来到了他的出租屋。结果一进出租屋，男子就露出了狰狞的面目，先是把小珊禁锢在屋内，后来又将其残忍杀害。事后警方调查得知，原来这名男子因生活不如意产生了自杀的想法，但此前两次自杀未遂，便产生了杀人后伏法的念头。

女儿，看到上面的这两个案例，你一定会特别震惊，甚至还可能会不解地追问妈妈："这是为什么呀？"心地善良的你，不能理解为何一个主动搀扶老人的小女孩反被诬陷，更不能理解为何助人为乐的小珊竟然会被一个陌生的叔

叔残忍杀害。女儿，你要知道，真实的世界永远没有那么多合理的答案，邪恶行为的发生从来都不需要任何理由和解释。你只需要记住，这个世界除了美好和光明也有危险和阴暗。

爸爸妈妈支持你做善良的小公主，但善良的前提是，你必须擦亮双眼，看清善恶。也就是说，妈妈希望你的善良带有一点儿锋芒，希望你像一朵带刺的玫瑰，安全而美丽地绽放。

话又说回来，假如你遇到上述两个案例中那两个小女孩遇到的情况，你会怎么做呢？

第一种情况，妈妈建议，面对路上摔倒的爷爷奶奶或者叔叔阿姨，你应在第一时间呼唤身边更有能力或力量的大人和你一起帮忙，这会让伤者得到更安全有效的救助。如果身边没有大人怎么办？这时候你可以拨打110报警电话和120急救电话，寻求警察叔叔和医护人员来帮忙。与此同时，你可以为老人提供力所能及的帮助，比如用衣服遮挡阳光，提醒路过的车辆注意倒下的伤者，等等。当然，做这一切的前提是你首先要确保自身的安全。

遇到第二种情况时，无论对方请求你做什么，要统统毫不犹豫地拒绝掉！妈妈曾经告诉过你，帮助他人只能在公共场所，这么做不是为了让别人看到你的善良举动，而是为了能够确保这样的帮助对你是安全的。任何人一旦提出需要你去陌生住所、偏僻角落，或者是他的车里帮忙做一些事情时，你都要坚定地拒绝。如果案例中的小珊当时能够坚定地拒绝对方，或许悲剧就不会发生。

可是，我的小公主，生命没有"如果"和"重来"，它给予每个人的机会都只有一次。对于爸爸妈妈而言，我们的生命里还附加着你的分量，只有你平安健康，我们的生命才算是完整的。我和爸爸一生所追寻的梦想，莫过于能看到你永远做一个幸福平安的小公主。

女孩保护好自己比什么都重要

　　有了女儿的父母们，都想让自己的女儿成为世界上最幸福的小公主，于是我们在"男孩要穷养，女孩要富养"观念的影响下，竭尽所能地想给予女儿一个甜蜜幸福的人生。

　　女儿，你可知道，自从你来到我们身边之后，爸爸妈妈也不由自主地变成了这样的父母，你喜欢唱歌跳舞，妈妈就送你去早教班，让你和小朋友一起欢快地唱歌跳舞；你喜欢在纸上写写画画，妈妈就带你去画室跟着小朋友一起学画简单的花花草草……妈妈希望你每一天的日子都能如此美好幸福。可是有一天，妈妈无意间看到了一部韩国电影，它的名字叫作《奥罗拉公主》，这是一部关于妈妈为意外身亡的6岁女孩复仇的悲情故事。看完这部影片，妈妈开始反思自己一直以来对你的教育模式。

　　故事中的小女孩非常喜欢奥罗拉公主，所以妈妈亲切地称她为"奥罗拉"。有一天妈妈开车接她放学，路上车子出了事故，因此错过了接她放学的时间点。落单的"奥罗拉"站在路边等了一会儿，决定自己打车回家，可是在半路上她却意外被一个开着跑车的男子诱骗上了车。谁都无法想象，可爱的"奥罗拉"坐上的竟是一辆死亡之车，后来她被这名男子残忍地杀害了。妈妈得知消息后悲恸欲绝，甚至连活下去的勇气都没有了。

女儿，妈妈是流着眼泪看完这部电影的，影片中女孩甜甜的声音像极了你，妈妈不敢想象，如果有一天你遭遇到这样的事情，妈妈该怎么面对接下来的生活。女儿，从那一刻开始，妈妈忽然意识到，你纵有万般才艺，如果不能很好地保护自己，一切关于美好未来的憧憬都只能算是奢望。因此，从现在开始，妈妈想让你知道，作为一个女孩，保护好自己比什么都重要，因为一旦没了生命，一切都将归零。

妈妈这么说，并不是危言耸听，因为这样令人心痛的案例在我们的生活中时有发生。

2019年10月20日，在大连市一个小区发生了一件轰动全国的案件。一个10岁的小女孩王某在放学回家的路上，被人残忍杀害了，凶手就是邻居13岁的男孩蔡某。案发当天，蔡某以需要帮忙为由，将从结束了培训课回家途中的王某骗到家中，随即开始对王某进行搂抱行为。他还想进一步实施不法侵害，但遭到了女孩的激烈反抗。蔡某恼羞成怒，随即殴打王某的头部，最后用双手掐住王某的脖子，王某很快便停止了挣扎。而蔡某担心王某醒来会报警，于是狠心地用刀刺死了王某，随后将她抛尸在小区绿化带。

女儿，这就是发生在我们身边的真实案例，被杀害的女孩只有10岁，正值天真烂漫的年纪，如果那天她没有跟着男孩去对方的家里，也许这个悲剧就不会发生。可是，天真的女孩觉得大哥哥与自己是彼此熟识的邻居，就毫无防备地跟着他走了。所以，女儿，你要知道坏人可能就在我们身边，任何时候你都要注意保护自己，不要给坏人任何可乘之机。接下来，妈妈想跟你分享几点保护自己的建议，希望你能时刻谨记。

1.要善良待人，也要警惕坏人

女儿，从你记事起，爸爸妈妈就经常教育你，长大后一定要做一个善良的女孩。可是有关女孩被伤害的新闻看得越多，妈妈也就越担心，如果有一天你的善良被某些居心叵测的坏人利用，那将是妈妈最不愿看到的结果。美国思想家爱默生有句话说得特别好，"你的善良，必须有点锋芒，否则等于零。"妈妈希望你能记住这句话，在善良的同时要保持警惕，不要让坏人利用你的善良做出伤害你的事情。以后，如果有家人之外的人，哪怕是邻居或朋友叫你去他们家帮忙，你一定要征得爸爸妈妈的同意之后才能过去，而且去之前你应该和爸爸妈妈约定好回家的时间，以免我们担心你的安全。

2.上下学要跟爸爸妈妈约定好接送方式

女儿，如果有一天，你在放学的时候，没看到爸爸或者妈妈来接你，先不要着急，那可能是因为我们工作忙，又或者是在接你的路上遇到了一些麻烦，才没有及时赶过去接你。等我们处理完这些事情，一定会尽快赶到学校接你，如果时间来不及，我们也会提前跟老师或者朋友打电话请求帮助，这时候你一定不要擅自离开学校，以免在回家路上遇到危险。另外，等你可以自己上下学的时候，尽量要按照我们约定好的路线走，这样做，是为了保证万一有一天你在路上发生了危险，爸爸妈妈也能够在第一时间按照约定的路线赶过去找你。最后，妈妈还得提醒你一句，放学路上如果有陌生人想带你去"好玩的地方"，要保持警惕，千万别跟着对方走。

3.安全远比金钱更重要

女儿，你要记住，你的安全远比金钱更重要，在一些危险的时刻，如果对方逼你交出身上的所有钱物，这个时候千万别犹豫，统统拿给他。妈妈不要你做什么"勇斗歹徒"的小英雄，妈妈要的只是平平安安的你。你可能也看到过这样的事情，有的小朋友不小心把心爱的玩具掉落在马路上之后，会不顾一切地想要冲进车流去拯救自己的玩具。其实，这样做是不对的，因为再好的玩具都可以买来，但安全却买不来。所以，妈妈想让你明白，你拥有的所有财物，都没有你的安全重要。关键的时候，如果能用全部的财物换取你的安全，那就毫不犹豫地交出去，始终要把生命、安全放在第一位。女儿，妈妈跟你说了这么多，就是想让你记住，作为女孩，任何时候都要把自身的安全放在第一位，保护好自己比任何事情都重要。

自我保护意识，多早培养都不算早

　　女儿，自从你开始能听懂故事书那一天开始，妈妈就给你买了许多有关安全防范的书籍，其中你印象最深的一本，应该就是郑渊洁的《聪明的小猴》吧！

　　在那本书里，聪明的小猴正要睡觉，忽然听见卫生间有人说话。于是他轻轻爬下床，悄悄走到卫生间门口，顺着门缝往里看，结果发现家里的电妖怪，燃气妖怪，火妖怪，开水妖怪……正在开会。电妖怪说："只要小猴用手摸插销板，我就能抓住他，把他吃掉！"燃气妖怪说："他只要一进厨房，一定会拧开燃气炉灶上的开关，那样我就会跑出来毒死他！"这时候水妖怪又说："我和开水妖怪商量好了，只要他自己去动热水器，我们就烫他！"聪明的小猴听到妖怪们的对话，便不摸插销板，不碰燃气开关，也不动热水器，妖怪们的诡计一个也没有得逞。

　　后来妈妈又带着你一起看了《蓝迪安全教育》的系列视频，里面会教你如何安全乘坐电梯、如何安全乘坐交通工具等知识。可是后来，妈妈发现，我们生活的世界这么大，每天都会涌现出各种各样的安全问题来，妈妈即便能带领你读完世界上所有关于安全教育的书籍，也无法让你游刃有余地去应对所有的安全问题。所以妈妈领悟到了一个非常重要的道理：自我保护的意识远比自我保护的技能要重要，而自我保护意识多早培养都不算早。

说到这里，妈妈想起了不久前发生的一件事情。那天是周末，爸爸妈妈带你去门口的公园玩，你和一个小妹妹玩得非常开心。可就一眨眼的工夫，你突然不见了！爸爸妈妈急忙四处寻找你，这才发现你被一个陌生的奶奶带走了。我们急忙赶过去，质问那个奶奶为何要带走你。对方解释说，想让你陪着她的孙女一起去卫生间，她的孙女非要你陪着才肯去。

尽管这只是一场误会，但爸爸妈妈还是后怕不已。女儿，你要知道，爸爸妈妈不是超人，不可能随时随地都陪在你身边保护你，你一定要有自我保护的意识，唯有这样，在遇到危险时你才能有效地保护好自己。为了培养你的安全意识，妈妈想请你一起看看下面这个案例。

2018年7月23日下午，江苏省沭阳县公安局交警大队民警在雨中巡逻时，发现一个小女孩在路边哭泣，身上的衣服已经被淋湿。民警仔细询问得知，女孩名叫丽丽，今年6岁，当天下午她跟着奶奶到超市买东西。奶奶在前面挑选商品，丽丽自己边走边玩，一抬头忽然发现奶奶不见了，后来她在超市里找不到奶奶，便独自走到超市外面接着找。热心的路人发现后，都想问问女孩怎么回事，可是丽丽警惕性非常高，任何陌生人跟她搭话，她都一概不理睬，直到看见穿着警服的民警同志，她才开口求助。民警猜测丽丽的奶奶或许还在超市内，便领着丽丽到超市前台通过广播寻找奶奶。收到消息后，奶奶立即赶了过来，最终和孙女团聚。

女儿，看完案例之后，你是不是也和妈妈一样，想为聪明的丽丽点一个大大的赞呢？妈妈多么希望，你有一天也能像聪明的丽丽一样，拥有强大的自我保护意识，遇到危险时能够不慌不乱，等在原地或向警察叔叔求助。如果你在生活中能时刻保持清醒的头脑，拥有强烈的自我保护意识，那么就不会给任何坏人以可乘之机。说到自我保护意识的培养，妈妈希望你能明白以下几点。

1.坏人都非常善于伪装

女儿，任何一个坏人，脸上都不会刻着"坏人"两个字，也不全是看上去

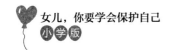

凶巴巴的"坏叔叔"。有的时候，慈眉善目的老奶奶，美丽温柔的年轻阿姨，都有可能是向你伸出魔爪的"坏人"。所以你一定要记住妈妈的话，对于任何陌生人的搭讪和求助，都要保持警惕，不要随便答应别人的任何请求，因为你不知道接下来对方会对你做出什么样的事情来。有的时候，你甚至需要提防熟识的邻居和亲戚，在未经爸爸妈妈同意的情况下，如果有邻居或亲戚想要带你去某个地方，你也先要跟我们打声招呼，或者礼貌地拒绝他们。

2.不要贪图别人的小恩小惠

女儿，如果你想要什么东西，记得回家告诉爸爸妈妈，只要是合理的请求，爸爸妈妈都会认真考虑的。但是，任何时候，你都不能贪图别人的小恩小惠。我们中国有句俗话叫作"吃人家的嘴短，拿人家的手软"，意思就是当你贪图了别人给你的小恩小惠之后，就难免会受到别人的胁迫。举个简单的例子，如果你吃了同学给你的糖果，下次她说自己被人欺负了，想让你一起帮忙去报复别人时，你肯定会想起她曾经给过你糖果，不得已只能考虑一下她的请求。而如果你当初没吃她的糖果，就可以毫无心理负担地拒绝她了，是不是？因此，你要记住，天上没有掉馅饼的事情，尤其是陌生人给你的小恩小惠，一定要坚决拒绝，谁知道"馅饼"后面有没有藏着阴谋呢。

3.帮助别人要量力而行

女儿，妈妈希望你能乐于助人，但也请你记住，任何时候帮助别人都要量力而行，千万不要因为帮助别人而把自己置于危险的境地。举个很简单的例子，你看到有小孩掉进了湖里，非常危险，这时候你贸然下水，最后的结果就是不仅不能救出小孩，还有可能搭上自己的性命。同样的道理，在你自己的能力不足的时候，要做的事情是及时寻求大人或者警察的帮助，而不是自己冒险去帮助别人。

女儿，总而言之，具体的自我保护技能可能只能帮助你应对几种危险情况，但一旦拥有了强烈的自我保护意识，你就可以随机应变，避免更多危险和伤害。

除了妈妈，谁都不能与你"亲密接触"

女儿，妈妈经常告诉你，你身体的一些隐私部位，比如内裤和内衣遮盖的地方，除了妈妈之外，不能给任何人看，更不能让任何人触碰。当然，在一些特殊的情况下，比如需要医生为你检查身体的时候，可以例外。不过，即使是这种情况，可能也需要妈妈陪在你的身边。

除此之外，任何人都不能以任何理由与你的身体"亲密接触"。女儿，也许现在的你还不能完全理解妈妈的良苦用心，不过没关系，现在的你只需记住妈妈的这个要求，等你长到合适的年纪，妈妈会告诉你这么做的原因。

女儿，你有没有发觉，从你4岁开始，在你洗完澡的时候，爸爸便不会站在卫生间门口，拿着干净的浴巾帮你擦拭身体了？也许你还发现，每每这时，爸爸都会关上浴室的房门，悄悄走出去。从你5岁开始，你每次吵着要和爸爸"亲亲"的时候，爸爸都会刻意避开你的小嘴，只是轻轻在你的额头上或者脸颊上亲吻一下；从你6岁开始，爸爸妈妈便开始对你的言行举止要求"苛刻"了起来：在你岔开腿吃饭的时候，我们会提醒你注意自己的坐姿；乘坐公共汽车时，也会提醒你注意自己的裙子，不要让它卷曲起来。等你长到八九岁，甚至更大一些的时候，爸爸妈妈对你的言行要求就变得更加严苛了，比如告诉你：不能单独和男孩子待在房间，不能随便去同学家住宿，等等。

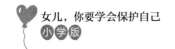

爸爸妈妈这么做，并非想要控制你的生活，我们只是想尽可能地保护你，以免你遭受到一丁点儿的伤害。对于女孩而言，身体是非常宝贵的东西，不能随便展示给别人看，也不可能让任何人随意触碰。曾经，你和爸爸在一起多么亲密无间哪，小时候的你经常骑在爸爸的肚子上"嘶嘶嘶"地学马叫，甚至还赖在爸爸的被窝里捉迷藏。可是你长大一些后，爸爸就自觉地与你保持一定的距离，不再与你"亲密接触"。爸爸是在用他自己的行动告诉你：女儿，即便和你亲密无间的爸爸，也应该和你保持适当的距离，更别提其他的异性了。希望你能理解爸爸的良苦用心，爱护自己的身体，除了妈妈之外，拒绝任何人与你"亲密接触"。

要知道，对方与你"亲密接触"，这绝不是一个好玩的游戏，反而有可能对你的身心造成巨大的伤害，接下来就请你和妈妈一起看看下面的案例吧。

2014年3月7日晚5时许，丹东市四道沟派出所接到辖区一居民报警，称自己7岁的女儿小月被社区里的一名男子猥亵了。原来，小月在社区里的一家幼儿园上学前班，当天下午放学后她独自一人来到同学家玩。这时候53岁的周某敲门进来，与同学的爷爷聊了一会儿。过了一会儿，小月下楼回家时，碰到了在楼梯处等候的周某。周某拉着小月的手说："爷爷带你一起去做游戏，家里还有很多好吃的，你去吗？"天真的小月因见过周某，便答应了与他一起"玩游戏"的邀请。

晚上回家后，爸爸问小月晚归的原因，小月说："周爷爷要跟我一起做游戏，还答应给我好吃的，我就去了。不过游戏比较奇怪，周爷爷让我脱掉裤子。"爸爸听完小月的话，很快明白了怎么一回事，气得浑身发抖，并在第一时间拨打了报警电话。

女儿，案例中的小月年纪和你差不多，你们这样的孩子很可能无法意识到对方的这种行为会给你们的身体带来什么严重后果，然而等你长大明白过来以后，肯定会留下心理阴影。妈妈不想让你的心灵蒙上一层阴影，所以要反复提醒你一定要与异性保持安全距离，千万不要与异性"亲密接触"。妈妈担心的是，你明白自己内裤和内衣覆盖的地方不能让人随便触碰，却经不住坏人以各种各样的理由哄骗你，比如"一起做游戏""带你吃好吃的""给你零花钱"，等等。因此，在这里，妈妈要再次强调，任何人不能以任何理由触碰你的隐私部位。除此之外，妈妈还想告诉你一些有关你身体的"小秘密"。

1.你和男孩的身体不一样

女儿，在你上幼儿园时就隐隐约约知道，男孩和女孩的身体结构是不一样的，这一点从你们尿尿的方式就能看出来。一般而言，男孩的生殖器官像突出来的小象鼻子；而女孩子的生殖器官却像一条"小通道"，你平时洗澡的时候，应该都能看到它的样子。要记住，这是属于每个女孩的小秘密，平时需要藏在内裤里面，不能随便让人观看和触碰。

2.和男孩玩游戏时要特别注意

女儿，妈妈不阻止你和其他男孩一起玩游戏，但玩游戏时有一些规则需要注意一下。比如，你们玩游戏的时候不能脱离爸爸妈妈的视线，不能跑到卧室里关起门来玩耍。另外，你还需要注意，妈妈允许你们玩角色扮演的游戏，但坚决反对你和男孩子在玩游戏的过程中互相拥抱、亲吻，甚至触摸对方的身体。如果对方在玩游戏的过程中有上面那些举动，你要及时停止游戏，过来告诉妈妈。

3.不要单独去任何异性家里

女儿，你现在还比较小，尽量不要只身一人去任何异性家里做客，因为你不知道接下来，对方会做出什么危险的事情来。而当你遇到危险的时候，妈妈甚至都不知道去哪里找你。所以，为了避免发生不必要的危险，妈妈建议你，不要接受任何异性的邀请，单独去对方家里做客。无论对方是你的男同学、男老师，还是男亲戚，都不要在没有经过爸爸妈妈同意的情况下，单独赴约。你要知道，很多侵害女孩的恶魔都是熟人。

妈妈说了这么多，千言万语化成一句叮嘱：那就是除了妈妈之外，谁都不能与你"亲密接触"，无论对方的理由是找你做游戏、吃零食，还是其他，你都要通通拒绝掉，除此之外，也不要给任何异性和你单独相处的机会，要时刻记住保护好自己。

女孩成长过程中，要当心哪些伤害

女儿，毫不夸张地说，自从你出生以后，妈妈恨不能变成一个拥有无限魔力的仙女，只要你遇到危险，随手按下一个按钮，就能随时随地"嗖"的一下飞到你的身边，三拳两脚把坏人打得四处逃窜。可是想象归想象，妈妈终究只是一个普普通通的人，纵然拼尽全力，也无法随时随地陪在你的身边，永远保护你。作为你的妈妈，我唯一能做的事情就是，在你成长的过程中不断地提醒你要当心哪些伤害，你只有远离这些伤害，才能有效地保护自己。

你5岁时，有一天和一个小姐姐在游乐场一起玩。那个小姐姐指着一串算珠，问你"5+3等于几？"那时的你，压根连算珠都不认识，更别提能用算珠得到答案了。这时候小姐姐突然毫无征兆地推了你一把，大声说道："连这都不懂，不跟你一起玩了。"你委屈得站在原地哭了，妈妈看见这一幕，便走过去对小姐姐说："妹妹还小，不知道算盘是什么。"说完这句话，妈妈打算让你换个地方玩。可是这个小姐姐又走过来对你说："那我们一起玩滑滑梯吧！"渴望跟小姐姐一起玩的你，擦掉眼泪，点头表示同意。妈妈刚想制止，可是你却毫不犹豫地跟着小姐姐跑开了，最后那个小姐姐因为你滑得不够快，再次推了你一把。你知道妈妈这时候心里有多焦急吗？可是，那时候妈妈还是忍住了内心的不快，看着你委屈地走了过来。

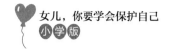

离开游乐场之后，妈妈告诉你："宝贝，不是每个孩子都那么友好，从现在开始，你需要自己判断哪些孩子可以当作好朋友，哪些孩子要远离，知道了吗？"当时的情况下，妈妈完全可以站出来，指责欺负你的小姐姐，可是妈妈最终还是忍住了，因为妈妈想让你知道，妈妈并不能随时陪伴在你身边保护你。你终究要自己慢慢长大，学会识别周围的伤害，然后远离它。

被小朋友欺负，并不是很严重的事情，但是有的时候，如果你不能辨别危险，那么带给你的将会是巨大的伤害。下面你就跟妈妈一起看看这个案例吧！

2019年9月28日，一个不满12岁的女孩周婷（化名）被同年级不同班的同学王某茜以辅导作业为由，从家中骗走，并带至祁东县"××KTV"。随后，张某怡、陈某升、周某云等人以控制、恐吓、威胁等手段，迫令周婷谎报年龄为异性陪酒、伴唱。女孩周婷因害怕被打，只得任由他们摆布，最后被多名男子威逼利诱，以灌酒、强迫等方式实施了强奸。后来，周婷被解救之后，被送往长沙某医院精神科住院治疗，医生对其的诊断为：创伤后应激障碍。她的妈妈也因为受不了女儿遭遇这样的打击，多次试图跳楼自杀，后被家人救下。事后，警方调查得知，周婷所谓的同学王某茜早已辍学在家，正是她欺骗了周婷，将周婷从家中骗走。

女儿，你看到了吗，有的时候欺骗你的人，恰恰就是你认为很亲近的同学或朋友，所以不要相信对方的花言巧语，任何人提出想要带你离开家里，去外面留宿的事情都不要答应。如果周婷的妈妈平时能够对女儿多进行一些安全教育，让她知道随意外出留宿是一件多么危险的事情，那么也许这样的悲剧就能避免。女儿，妈妈也想以这个案件为例，好好跟你聊聊生活中可能会遇到的危险，下次你如果遇到同样的事情，一定要当心。

1.不要结交不三不四的朋友

有一句古话叫作"近朱者赤，近墨者黑"，意思就是说如果你跟品行好的人待在一起时间久了，你的品行也会越来越高尚；如果你跟品行不好的人待在一起时间久了，你的品行也会越来越坏。这句古话还是很有道理的。女儿，妈妈希望你上学时能跟认真学习、品行优良的同学多交朋友，多学习别人身上的长处，千万不要结交社会上不三不四的朋友，谁也不能确定踏入社会的他们，接近你的目的是什么，所以要远离他们。

2.不要随便去KTV等娱乐场所

女儿，妈妈不反对你去KTV唱歌，但要根据具体情况来对待，比如你可以在爸爸妈妈的带领下一起去KTV唱歌，但妈妈不赞同小小年纪的你跟着同学或朋友一起去KTV。因为那里是一个鱼龙混杂的地方，各种各样的社会人员都会集在那里唱歌、喝酒，就算你只是想去唱歌，但一旦去了那里，谁也无法保证不好的事情会不会发生。所以避免在这些场所发生不好的事情最好的办法，就是在你尚未长大之时，最好远离KTV、酒吧这些娱乐场所。

3.遇到坏人，要及时想办法逃脱

女儿，万一你遇到了坏人，要想办法让自己冷静下来，千万不要激怒对方，也不要表现得惊慌无助，而是应该装作不经意的样子，找一个合适的机会逃脱，比如借出去打电话或者去卫生间的机会，快速逃离那个危险的地方。然后，第一时间打电话给爸爸妈妈或者警察叔叔。如果打电话不方便，出门要向路人大声求助，请求路人的帮助。

总而言之，女儿，一个女孩的成长总是伴随着惊险和意外，稍不注意，就有可能让你置身于危险的境地。所以妈妈希望你能时刻警惕生活中可能会给你造成伤害的那些危险，只有远离那些危险，才能最大程度地保护好自己。

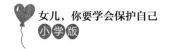

识别生活中常见的8大骗局

女儿，世界并不总是美好的，有时候也会有一些不和谐的音符。从你出生以后，爸爸和妈妈就达成过一个教育共识，那就是在任何时候，只要答应你的事情就一定要信守承诺，努力做到。我记得有一次，你在周末帮妈妈做完了一些简单的家务活儿，作为奖励，妈妈答应晚上和你一起为你的熊猫玩偶做一件漂亮的小裙子。可是等你写完作业，再等妈妈忙完手头的事情，时间已经到了八点半，此时的妈妈甚至连做裙子的小样都不知道如何裁剪。

可是看着你期待的眼神，想想以前和爸爸的约定，妈妈咬了咬牙，硬是以最快的速度从网上学习了裁剪裙子的方法，然后再从衣柜里找到一件旧衣服，我们母女俩就这么兴致勃勃地一起为熊猫玩偶做了一件绿色的吊带小裙子。

看着你惊喜的样子，妈妈的心幸福得都要融化了。可是，妈妈想要提醒你的是，在这个世界上，会如此真诚待你，会为了和你的一个小小约定就拼尽全力去做的人，大概除了爸爸妈妈之外，很难有别人了吧。所以从现在开始，你应该有一个清醒的认识——不要无原则地相信别人，即使那个人看起来非常和善。待人接物时也要擦亮眼睛，小心落入坏人设好的骗局。你先看看下面这个案例吧。

2019年7月，浙江省淳安县一名9岁的小女孩小欣突然失踪了。原来，有两个来淳安游玩的陌生租客通过接触小欣的爷爷奶奶，短短几天时间便取得了小欣爷爷奶奶的信任。然后他们以带小欣去参加上海朋友的婚礼，请小欣做"花童"为由带走了她。起初，小欣的爷爷奶奶并不同意，然后俩租客又给了他们5000元作为报酬，爷爷奶奶有些心动，再加上他们自认为掌握了俩租客的身份信息，应该不会有什么危险，便答应了对方。可是最终，天真可爱的小欣却被两名租客带到海边，无故溺死在海水里。之后，两名带走她的陌生租客也相约自杀了。事后人们猜测，陌生租客当初带走女孩的原因并不是去上海做"花童"，而极有可能是做他们海上的"花童"。

女儿，发生这样的悲剧固然是大人的错误，孩子的爷爷奶奶不该一时大意，让陌生租客带走他们年仅9岁的孙女。可是你换个角度想一想，有的时候，就连爸爸妈妈、爷爷奶奶这些大人都不能很好地识别坏人的"骗局"，以致上当受骗，更何况涉世未深的你呢？所以，妈妈想让你把安全这根弦绷得更紧一些，在没有爸爸妈妈保护的时候，一定要擦亮眼睛，识别对方设好的"骗局"。生活中，你可能会遇到大大小小的很多骗局，但下面这8大骗局，在你的生活中可能比较常见，妈妈希望你能对此有所警惕。

1.不要坐陌生人的车

女儿，你要知道，汽车是一个非常密闭的空间，你一旦被坏人控制在车内，就有可能被带走或伤害。所以一个人的时候，不要去别人车里给别人指路，不要乘坐没有安全保障的顺风车，也不要去别人车里帮对方取东西。

2.不要去陌生人家里

女儿，任何时候，都不要接受陌生人的邀请去对方家里，无论对方是请你帮忙还是邀你做客。因为你一旦走进了那个地方，就有可能会被坏人控制起来，彻底失去人身自由。假设在公开场合遇到危险，你还可以及时呼救，尚有一线获救的机会，而你一旦去了对方家里，及时获救的可能性几乎为零。

3.不要贪图吃喝玩乐

作为女孩，富养没错，但富养的目的不是把你变成一个贪图吃喝玩乐的物质女孩。当你的眼里只有吃喝玩乐时，别人只需给你一点点诱惑，就有可能让你陷入设计好的圈套，成为待宰的羔羊。"吃人家的嘴短"，这句老话现在仍然适用。

4.不要相信街头乞讨

女儿，你可能遇到过这样的情况：路边有个学生模样的小姐姐跪在地上，面前放着一个牌子，上面写着"家里太穷了，上不起学"等字样，有些人还会把"书包""学生证"等摆在地上，以增加真实性。女儿，如果你遇到这种情况，请收起你的同情心，快速离开，因为这几乎都是精心设计的骗局。

5.慎重对待街头求助

女儿，有时候在城市街头、马路上或广场上，你可能会遇到一老一少或一位妇女带着一个小孩，遇到行人就上前说："我们从外地来，钱包丢了，没钱买吃的，你给我们一点儿钱买吃的吧！""我们带孩子来本地看病，钱包丢了，你给我们点儿钱做路费吧！"

女儿，遇到这种求助，你是否会心生同情，然后信以为真地从口袋里掏出你为数不多的零花钱给对方呢？如果你这样做的话，那么十有八九会被骗，因为这些人也是骗子。

6.不要给陌生人开门

女儿，你可能还记得《小兔子乖乖把门开开》这首儿歌吧。长大的你，早已知道门外站着的肯定不会是"大灰狼"，但妈妈依然希望你还是那只聪明可爱的"小兔子"，面对陌生人敲门，永远都要坚定地对自己说"不开不开我不开，妈妈没回来"。

7.不要轻信街头游戏

女儿，有时候你在街头还可以看到各种各样的游戏，比如"摆棋局""猜瓜子""巧力投桶"等游戏，这种游戏大多也是骗局，希望你不要参与。这几种游戏中你们女孩子最有可能玩的是"巧力投桶"游戏。这种游戏主要是在地上放几个大铁架子，在每个大铁架子上面斜放着一些大塑料桶，旁边还放着一堆奖品，比如各种玩具等。如果你按摊主要求站在离塑料桶一定距离远的地方，能够把皮球投进塑料桶内，就可以获得一些奖品。但是，每投一次球是要收取一定费用的。实际上，无论你的手有多巧，多数情况下皮球是很难投进桶内的，即便侥幸投进去，皮球也会从桶内弹出来。

8.不要把个人信息透露给别人

女儿，你要记住，任何时候都不要随便把个人信息透露给别人，比如家庭住址、社交账号、上下学的路线等。无论对方以何种借口想要套取你的这些信息，你都千万不能告诉他们，当然警察叔叔除外。现在的网络诈骗比比皆是，万一你的个人信息掌握在坏人手里，便可能会被坏人欺骗或者胁迫。

任何时候生命都是最宝贵的

英国政治学家拉斯基说过："生命是唯一的财富。"法国诗人吕凯特也说过："生命不可能有两次，但许多人连一次也不善于度过。"生命对于任何人而言，都是最宝贵的东西，活着，一切都还有希望，而死了，一切都只能归零。

女儿，从你上幼儿园开始，妈妈就经常给你念叨"你要记住，我们每个人的生命只有一次！爸爸妈妈再爱你，也无法给予你第二次生命。"现在的你，在学校已经进行过两次消防演习，你已经知道，当火灾来临时，应该用湿布捂着口鼻弯腰往楼下跑，可是有一点安全知识可能你忽略了，那就是当真正的危险来临时，你应该知道，此时此刻家里的所有财物都要统统丢下，不要留恋任何物品。

有一次，你不小心打碎了家里的水杯，你下意识地感到害怕，害怕妈妈会责怪你，可是妈妈压根就没有指责你半句。那是因为妈妈想让你知道，在妈妈心里，所有的物品都比不上你的生命重要，别说是一个水杯，就是有一天需要用家里所有的财产来换你的生命，妈妈也会毫不犹豫地答应。女儿，妈妈希望你明白，任何时候你的生命都是最宝贵的，只要生命在，希望就在。

可是现实中，有很多小女孩，她们因为各种各样的不幸就轻易放弃了自己的生命，留下了在痛苦中苦苦挣扎的父母。妈妈希望你记住，即使有一天你遭

遇了不幸的事情，也要好好地活下去，只有活下去，才能脱胎换骨，迎来新的
生命。

国外有个10岁的小女孩，名叫Lilly Jo（莉莉·乔），9月份开学的时候，她
进入了一所新的学校。起初她对新学校和新同学充满了美好的期待，非常想结
识更多的好朋友。可是入学不久，妈妈却发现原本性格开朗的Lilly Jo不再好好吃
饭，成绩不断下滑，性格也变得非常孤僻。更可怕的是，Lilly Jo竟然在即将迎来
自己10岁生日的时候选择了自杀，不过好在最后被及时抢救过来了。事后，妈
妈才听Lilly Jo说："自从我到新学校以后，就有个女生一直在欺负我，她在体
育课上扯我的头发，还踩我的脚，我当时害怕得哭了起来，但她却大笑着跑开
了。后来她又给我其他朋友发短信让她们不要和我玩，现在大家都不和我说话
了……"

女儿，你想知道这件事情的后续处理结果吗？Lilly Jo的妈妈得知了这一切
之后，勇敢地在网络上曝光了这件事情。最后这名女孩得到了整个国家的声援
和救助，不仅有专业的心理专家帮她疏导，而且她还得到了机会转到新的学
校，结识新的同学，而她的情况在妈妈和社会各界的帮助下也变得越来越好。
妈妈想要告诉你的是，也许爸爸妈妈不能随时随地陪在你身边保护你，也许有
一天你也会遇到像Lilly Jo这样的问题，甚至陷入比Lilly Jo更糟糕的困境。妈
妈希望你能在第一时间告诉我和爸爸，大家共同来面对你人生中这段黑暗的时
间。爸爸妈妈向你保证，无论你现在遇到的困难有多么严重，我们都会拼尽一
切去保护你、呵护你，直到你走出低谷。答应妈妈，无论如何，都不要轻易放
弃自己的生命，因为在我们心里，任何事情都比不上你的生命珍贵。

妈妈认真地总结了一下，在你这个年龄段，能让你想到放弃生命的事情，
有哪些。妈妈害怕万一有一天你面临以下困境，会产生放弃生命的念头，所以
决定一一罗列出来，与你共同探讨一下。

1.如果有一天，你遭遇了侵害

女儿，妈妈希望这样的事情永远都不会发生，可是万一不幸降临到你的身上，妈妈希望你能明白，生命远比童贞更重要。妈妈知道这对你而言将是非常大的打击，但还是想让你勇敢地站起来，让伤害你的坏人受到应有的惩罚。然后在接下来的岁月里，你要好好疗伤，好好生活。你要相信，总有一天，阳光会再次照射进你的生命，千万不要用别人的错误来惩罚自己，这样一点儿也不值得。

2.如果有一天，你遭遇了霸凌

女儿，如果有一天你遭遇了校园霸凌，不要一个人默默地承受，记得要及时告诉爸爸妈妈，然后勇敢地站出来，向校园霸凌说"NO"。接下来，你要努力让自己变得更加强大，好好生活，结交朋友，拓展兴趣，锻炼身体，让伤害你的那些孩子再也不敢欺负你。等你有一天真正变得强大的时候，回头再看看那个曾经因校园霸凌而躲在墙角瑟瑟发抖的你，你会庆幸当初的自己有多么坚强。

3.如果有一天，你觉得压力太大

女儿，如果有一天你因为繁重的学业而感觉压力巨大，千万不要离家出走，因为离家出走不仅不能解决任何问题，而且会让你面临各种各样的危险。很多离家出走的女孩，并没有得到自己想象中的自由，反而被坏人拐卖或者杀害了。如果你有一天觉得自己压力很大，最应该做的事情是给自己减压，而不是逃避。比如你可以选择跟父母好好沟通，可以暂时放下学业让自己好好休息一下，可以到操场上跑跑步、散散心，甚至可以酣畅淋漓地大哭一场。但是千万别离家出走或者选择轻生，这恰恰是最自私、最没用的一种解决办法。

女儿，妈妈实在想象不到，还有什么东西能比你的生命更宝贵了。如果有一天，你遇到了"天大的困难"，请及时告诉妈妈，咱们一起联手打败它好不好？

第二章

保护好自己，让校园生活更美好

　　女儿，校园生活并没有你想象得那么平静和美好。在这里，你有可能会受到同学不良生活习惯的影响，在错误的道路上越走越远，甚至有一天你还可能会遭遇校园霸凌和敲诈勒索。学习如何应对这些让人头疼的校园问题，是你成长过程中的必修课。保护好自己，你才能更好地享受校园生活。

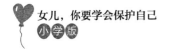

不化妆，打扮不"女人化"

女儿，记得你刚学会走路的时候，就曾经尝试着把自己的小脚套在妈妈的高跟鞋里，站在那里哈哈大笑；等你再长大一点儿，你还带着表弟一起躲在卫生间里，偷偷地拿出牙膏抹在你和表弟脸上，然后两个人对着镜子乐得像两只可爱的小花猫。从那时开始，妈妈就知道，爱美是每个女人的天性，这话说得一点儿也没错，就连小小的你也无师自通，学会了打扮自己。女儿，在你成长的道路上，妈妈绝对不会干涉你追求美丽的自由，但却不赞成你在这个年纪学习化妆，打扮得"女人化"。因为妈妈想让你知道，这种打扮不仅不会让你变漂亮，反而可能会给你带来一些危险。

孩子就应该有孩子的样子，这句话说得非常好。一件普通的校服，一个简单的马尾辫，和一群朝气蓬勃的少男少女走在一起，哪怕只有阳光做陪衬，也是最美的风景。只是现在的你，还领悟不到这种美丽。妈妈承认，现在越来越多的女孩开始打耳洞、修眉毛、染头发、涂口红，把自己打扮得非常"女人化"，但是这种美顶多算是妖艳，而不是真正的自然美。

女儿，你可知道，当一个十多岁的小女孩打扮得过于"女人化"的时候，不仅会丢失原本自然的美，还会给自己带来什么样的危险吗？你不妨和妈妈一起看看下面这个案例。

2019年10月30日，四川省武胜县公安局城中派出所接到群众报警称：女儿李某与3名同学放学后一直未归。据了解，这4名女孩中年龄最小的只有12岁。30日晚上，她们在当地一个名叫嘉陵小区的地方待过，第二天早上，女孩们从小区出来，上了出租车。家属在查看小区监控后发现，4名女孩身上均穿着很短的裙子，那种裙子并不符合她们日常的穿着习惯和喜好，很"成人化"。据她们最后乘坐的一辆出租车的司机说，几名女孩自称是跟着一个叫"九妹"的人准备去湖南、广东等地"打工"。幸亏家人及时报了警，警方于11月1日下午在广州天河区将4名女孩找到，并通知其家人尽快接她们回家。

女儿，看完这个案例，你有没有什么感悟？现在的你还会觉得打扮成熟是一件很美的事情吗？案例中的4名小女孩最终"有惊无险"地回到了父母的身边。可是，试想一下，如果她们没有得到警方的帮助，被"九妹"带到湖南、广东等地去打工的话，会遇到什么样的危险？如果她们落到坏人手里，遭到了坏人的侵害，该是一件多么恐怖的事情！我国《刑法》规定，凡与未满14周岁的女子发生性关系，不论该女子是否自愿，都按强奸罪从重处罚。从这个角度而言，穿着质朴对你反而是一种保护，因为对方从你的穿着打扮上就能轻易判断出来你还是一个正在读书的幼女。相反，如果你浓妆艳抹，穿着成熟，让自己看上去非常"女人化"，很容易让坏人产生误解，从而使其在某种程度上逃避法律的惩罚。要知道，对于现在的你而言，人身安全远比所谓的漂亮更重要。

因此，为了让你更好地保护自己，妈妈在这里想就穿衣打扮和你好好聊一聊，我们一起探讨一下，什么样的衣服和装扮才是最适合你的。

1.要按照学校规定穿着校服

现在很多小学都会规定，学生在上学期间需要穿着统一的校服。一是可以杜绝孩子追求名牌、相互攀比；二是便于学校管理，防止社会闲杂人员混入校园；三是一种身份说明，表示你是一个学生。妈妈建议，你既然进入了校园，

就应该遵守学校的规定，和所有的孩子一样穿着统一的校服，时刻以一个学生的身份严格要求自己。这看似是一种强制规定，实则是一种精神激励，激励你以更好的面貌去对待校园生活。作为学生，你应该以穿着校服为荣，而不应该把它看作一种束缚。

2.平时穿的衣服不要太暴露

放寒暑假或者周末的时候，学校不再要求你们穿着校服，但在穿着打扮方面并不意味着你可以无所顾忌了。在你读小学期间，妈妈建议，你的穿衣风格还是应该以简单、大方、舒适为主，这样既能彰显你的少女活力，又能让你感觉非常舒适。除此之外，你平时穿的衣服最好不要太过暴露，这样不仅不符合你的学生身份，还有可能招来一些居心不良的人。因此，为了避免出现不必要的麻烦，妈妈建议你还是穿着与你年纪相符的衣着为好。

3.自然美才是真正的美

女儿，在你这个年纪，自然美才是真正的美，不要动不动就给自己买一堆劣质的化妆品，然后偷偷躲在卫生间里化妆。现在的你，皮肤非常娇嫩，而多数化妆品都含有化学成分，化妆对你的皮肤没有丝毫的好处。每天早上起来，先进行简单的皮肤清洁，再擦一些儿童用的护肤品就可以了，千万不要用劣质的化妆品去折腾皮肤。再者，对于一个女孩而言，天生丽质、素面朝天就已经够美了，化妆打扮不仅不会让你看上去更美，反而会画蛇添足，让你变成一个不伦不类的妖艳女孩。

总之，妈妈希望你能踏踏实实做一个简单质朴的小女孩，这样的你，只要扎个简简单单的马尾辫，即使没有艳丽的衣服和妆容做陪衬，也会看上去很美丽。

同学之间攀比、炫耀危害大

生活在这个社会之中，我们难免会不由自主地和身边的人去比较，比比谁过得更好，这是一种很正常的心理活动。但是比较的心理一旦失衡，就会让自己原本平和的心态变得焦躁不安。一般情况下，大人们喜欢比孩子，比工作，比物质，那么生活在校园里的孩子呢，则喜欢比穿着，比玩具，比学习。

女儿，妈妈知道喜欢攀比是人类的天性，但如果攀比过度，就会对你的身心健康造成严重的伤害。因此，妈妈不希望你养成和同学盲目攀比、吹嘘炫耀的不良习惯，妈妈更希望你能以平和的心态对待自己的穿着，不要和同学攀比衣服款式、价格，是否是名牌等等，因为这些东西并不能让你变得比别人更有品位。

有一次，你放学回家告诉妈妈，说同班同学娜娜有很多很多漂亮的衣服，每天早上起床，妈妈和奶奶都会在她的床上摆放七八套衣服，让娜娜自己挑选当天想要穿的衣服。你一脸羡慕地跟妈妈说："我也好想有那么多漂亮的衣服哇！"妈妈安慰你，衣服干净整洁就可以了，没必要天天羡慕别人的衣服多。妈妈以为这件事就这样翻页了，可是我发现事情远没有这么简单。原本妈妈会根据天气搭配好你一天要穿的衣服，然后放在你的床头，可是你早上起床时，突然跟妈妈抱怨灰色裤子太紧了，想要穿那件粉色带蕾丝花边的小裙

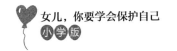

裤，接着又一脸不满地问妈妈："为什么娜娜上学可以穿裙子，而我每天就只能穿裤子？"

妈妈忽然意识到，小小的你已经有了攀比的小心思，不知不觉开始和同班同学比较起穿着来了。本来，你想换一条粉色的裙裤并不是什么大不了的事情，可是妈妈担心，这样任由你攀比下去，有一天说不准你会跟妈妈抱怨"别人都穿名牌鞋子，为什么我的鞋子是杂牌？""别人的羽绒服都上千元，为什么我的却这么便宜？""为什么别人每天都穿新衣服，而我却天天穿旧的？"女儿，妈妈不想让你变成一个爱慕虚荣、过度攀比的物质女孩，所以在你开始有了攀比的苗头时，就决定毫不犹豫地掐断它。因此那天早上，妈妈严厉地告诉你："周一到周五要上学，应该穿舒适的衣服和鞋子，而且没时间让你挑三拣四，不过，等周末的时候，你可以自由选择你想穿的衣服，妈妈尊重你的选择。"

女儿，妈妈这么做，不是想控制你的生活，只是担心你会养成爱慕虚荣的坏习惯。如果在你第一次提出无理要求的时候，妈妈选择息事宁人、一味妥协，那么下一次你就有可能提出更无理的要求。如果你有一天变成了事事都喜欢攀比的女孩，那么你的生活将充斥着无穷无尽的压力，需要你不停地依靠吹嘘来满足自己的虚荣心理，不信的话你就看看下面这段对话吧。

新学期开始了，许久未见的小伙伴们全都兴高采烈地围坐在一起聊天。

这时候小飞拿出了一个看上去非常精致的书包，一脸得意地说道："这是我爸爸从日本给我带回来的书包，里面不仅有GPS，还特别耐摔，据说得一万多块钱呢！"

小飞的炫耀引来了一群同学的羡慕。就在此时，旁边的蕾蕾漫不经心地打开了自己的书包，掏出了一款小巧的平板电脑，笑着说道："这是我爸爸从香港给我带回来的平板电脑，差不多也一万块呢！"

女儿，看到了吗？如果你喜欢跟别人攀比物质的话，你的生活就会变成案例中的样子，不停炫耀，到处吹嘘，只为了证明自己比别人更富有。这样的生活能舒服吗？更何况作为常人而言，我们的生活并不能支撑无尽的攀比心理，到头来难免会狼狈收尾，与其这样，何不心态平和一些呢？为了不养成攀比、炫耀的生活习惯，女儿，你不妨尝试从以下几个方面做起。

1.学会自己理财，了解生活的不易

很多喜欢攀比的孩子都不太能体会生活的不易，所以妈妈建议你不妨掌握一些理财知识，了解一下生活的艰难。从现在开始，你可以把每年的压岁钱、平时的零花钱全部攒在一起，用来买你喜欢的课外书和玩具。如有剩余的话，你还可以考虑用它来为父母和朋友选购一些生日礼物。另外，你还可以和妈妈协商一下你每月的零花钱，然后合理支配它们，如果超过预算，且没有正当理由的话，妈妈将拒绝支付额外的零花钱。理财久了，你自然能体会到赚钱的艰难和生活的不易。

2.知道真正的尊重意味着什么

很多喜欢攀比、炫耀的孩子都没有真正理解尊重的含义，觉得自己穿上名牌衣服、背上品牌包包就能得到同学们的尊重，这其实是非常幼稚的想法。真正的尊重，是对你人格、学识、品德发自内心的认可，这样的你，即使穿着朴素，也会得到别人真正的喜爱和尊重。反之，如果你穿着讲究，却言行低俗，别人顶多表面夸赞你一两句，却不会打心底里尊重你。女儿，关于尊重的含义，你一定要好好琢磨一下。

3.你应该多和别人比比学习

如果你喜欢跟别人攀比学习，并且能扬长避短，不断让自己进步的话，那将是非常有意义的。每天放学回家，不妨反思一下，自己有没有比别人更认真、更努力；期末考试后，反思一下，这次考试不如别人的地方在哪里，接下来应该从哪些方面改进；平时反思一下，别人一年读了多少本书，自己又读了

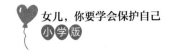

多少本。多在这些方面和别人做比较，时间久了，你的进步将会非常明显。

　　总而言之，盲目攀比、炫耀的危害非常大，妈妈希望你别在物质攀比中迷失了自我，让自己整天活在压力和自卑之中。

别轻易向别人借钱，也别随便借钱给别人

女儿，从你开始上小学的那天起，不用你开口，爸爸妈妈就会跟你协商好你每个月需要的零花钱数目，完全交给你来自由支配，希望你能合理使用它们，把自己的学习、生活安排得周到一些。当然，如果碰到某些特殊情况需要额外的零花钱，爸爸妈妈也会根据你的合理要求增加你的零花钱数目，这一点请你放心。

在这里，妈妈还想跟你提一个建议，那就是在平时不要轻易开口向同学借钱，没有特殊情况也别随便把钱借给别人。接下来，妈妈会详细跟你解释一下为什么要这样做。首先，妈妈先来解释一下为什么你不要轻易向别人借钱，主要原因有以下几点：

1.借钱容易给别人造成压力

作为小学生的你们，一般开口向同学借钱的数目都不会很大，对方往往顾及和你的同学情分，即使心里不愿意，也会答应把钱借给你。但每个孩子的零花钱数额都是相对固定的，别人把自己的零花钱借给你之后，自己的生活必然要受到影响，所以千万不要为了自己的一时舒服，就把痛苦建立在别人身上。

2.借钱也会让自己背负上心理负担

俗话说得好，"无债一身轻"，一旦背上了债务的枷锁，你的心就不能像

从前那样坦然了，接下来的日子里，你需要东拼西凑、绞尽脑汁地想办法如何来还掉这笔钱。如果到期不能还掉欠别人的钱，即使对方不说你什么，估计你心里也会不舒服。

接下来，妈妈还要跟你解释一下为什么别随便把钱借给别人。

3.借出的钱别人未必会还你

你的钱从借给别人的那一刻开始，它就不再由你控制了，什么时候还钱，还不还钱的主动权，你也一并出借给了对方。虽说"欠债还钱"是天经地义的规矩，但现实生活中并不是每个人都是遵守规矩的人。如果对方言而有信，按时还你钱还好，如果对方以一句"没钱"来搪塞你，你即使再气愤，也无能为力。所以为了避免这样的尴尬，如果对方没有正当理由，最好还是别随便借钱给他。

3.借钱有时候会成为一种习惯

借钱有的时候真的会成为一种习惯，对方第一次开口向你借钱的时候，你爽快地答应了；对方第二次向你借钱的时候，你虽有犹豫，最终还是答应了，那么对方就有可能形成习惯，一旦需要借钱，首先想到的人就是你。如果第三次借钱被你拒绝了，那么对方有可能不仅不会感恩你前两次的帮助，而且极有可能会在心里开始憎恨你，憎恨你为何不能像从前那样借钱给他。所谓的"升米养恩，斗米养仇"就是这个道理，我们不妨一起看看这句话背后的典故吧。

从前，有两户人家是邻居，其中一家比较富裕，而另外一家比较贫穷。有一年，天灾导致田中颗粒无收。穷人一家没了收成，只能等死。富人一家有很多粮食，就给穷人家送去了一升米，救了急。穷人一家非常感激救命恩人！熬过最艰苦的时刻后，穷人就前去感谢富人。

说话间，谈起下一年的种子还没有着落，富人慷慨地说：这样吧，我这里的粮食还有很多，你再拿去一斗吧。穷人千恩万谢地拿着一斗米回家了。回家后，家里人说，这斗米能做什么，根本就不够明年地里的种子，他们太过分了，既然这么有钱，就应该多送我们一些粮食！

这话传到了富人耳朵里，他很生气，心想：我白白送你这么多的粮食，你不仅不感谢我，还把我当仇人一样记恨。于是，本来关系不错的两家人，从此成了仇人，老死不相往来。

女儿，这就是有关"升米养恩，斗米养仇"的典故，它非常形象地说明了人性的复杂，有时候，你觉得借钱是一种美德，但对方却未必会这么认为。为了避免引起不必要的麻烦，妈妈建议你在学校尽量避免和同学之间有金钱方面的来往，不要轻易开口向别人借钱，也别随便借钱给别人，因为年幼的你尚没有足够的能力去应对由金钱而引发的各种矛盾。如果有一天，你出现了金钱方面的困扰，不如考虑一下妈妈提出的两个建议。

1.你可以开口向父母求助

女儿，如果你出现了零花钱不够用的情况，应该第一时间与父母沟通，而不是找同学借钱。只要你能提出正当的理由，一般情况下，爸爸妈妈肯定会额外给你一些零花钱，帮你渡过难关。近几年很多学生因为不好意思找父母开口借钱，铤而走险选择了网贷，结果因为承受不了高额的利息，最后被逼得自杀了。为了避免这样的悲剧发生，你零花钱不够用的时候最好选择向父母求助。

2.一旦借了别人的钱，一定要按时还钱

如果你开口向别人借了钱，一定要在约定的时间内把钱还给对方，因为这涉及你的诚信问题，要知道，诚信远比金钱更重要。如果你因为借钱这件事失信于人，那么下次你再遇到困难的话，就没有人会对你施以援手了。另外，妈妈建议，在还钱的时候，你不妨再挑选一个小礼物一并带上，向对方表达真诚

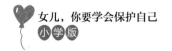
的谢意。

　　女儿，总而言之，妈妈希望你的同学情谊是纯粹而简单的，不掺杂任何金钱纠葛。为了呵护这份纯洁的同学情谊，你最好别轻易向别人开口借钱，也别随便把钱借给别人。

尽量不与男老师、男校长单独相处

女儿，妈妈之前告诉过你，任何时候都要避免和陌生异性单独相处。在这里，为了你的安全考虑，妈妈想再提醒你一句，等你进入校园之后，还要注意一件事情，那就是任何时候都尽量不要与男老师、男校长单独相处。说到这里，你也许会笑话妈妈的担心有点儿过分，为何连教书育人的男老师、男校长都要提防？

妈妈承认，在大多数情况下，你们遇到的男老师和男校长都是彬彬有礼的好老师，作为学生，你需要对他们心怀敬意和感激。但随着社会上被曝光出来的有关"男老师、男校长性侵学生"的负面新闻越来越多，妈妈不得不谨慎地提醒你，为了你的安全，平时最好不要与男老师、男校长单独相处，无论他们找你单独出去的理由是辅导作业还是关心问候，都不要一个人赴约。妈妈这么说，是有一定的事实根据的，希望你能引以为戒。

2018年，刚上小学三年级的玲玲被父母全托在校外的一家培训机构，她从周一到周五的吃、住，还有学习培训都由培训机构来负责，每学期费用近4000元。有一天，玲玲突然打电话给妈妈说自己再也不想在培训机构补课了，说完后就一直哭。出门在外的妈妈非常着急，第一时间联系了自己的妹妹和妹夫，让他们前

去问问玲玲怎么回事，问完缘由，结果让所有人大吃一惊。

玲玲说，上周一晚上老师听写课文，然后把她喊到楼下，让她坐在沙发上，强行脱下了她的裤子，还用下身接触她的下身。她感觉非常疼痛，老师却恐吓她不准说出去，否则惩罚得更严重。玲玲还告诉大人，自己上学期就被这位老师摸过很多次。除此之外，玲玲还告诉大人，班里的另外一名女生也被老师"欺负"了，有时在家里，有时在车里。玲玲妈妈和另一名女孩的妈妈急忙报了警，调查得知，玲玲和另一名女孩已经被男老师性侵了多次。

女儿，这个案例多么令人恐惧，谁能想到，每天给自己辅导功课的男老师竟然会对学生做出这么伤天害理的事情！其实类似玲玲这样遭遇的女孩还有不少，她们都是在懵懂无知的情况下，被男老师单独带到了某个地方，然后实施了侵犯。如果这些女孩能够在老师单独把她们叫到密闭空间的时候，多一份警惕，也许这样的悲剧就不会发生。任何时候，对于爸爸之外的异性都要保持足够的警惕，一旦对方提出过分的要求，就要义正词严地告诉他们"不可以！"这个时候，不要顾忌对方的角色和身份，无论他是你的亲戚、老师，还是校长，都不要屈从对方的摆布。

女儿，如果有一天，你也面临类似的遭遇，不妨考虑一下妈妈给你提的几点小建议。

1.交作业、问问题尽量要在教室里

每个学生都避免不了交作业、问问题这样的事情，但是你完全可以选择在教室里解决这些事情，而且还要选择教室有很多同学的情况下，要知道，很多侵害案件都是在私下和男老师独处的时候发生的。除了教室之外，你还可以考虑去老师们共同办公的场所去交作业、问问题，而且最好有其他老师在场。这么做是因为在公开场合，即使有些男老师动了不好的念头，他也会顾忌别人的目光，不敢轻举妄动。

2.遇到男老师、男校长单独找你的情况，可以约一个同学一起去

如果有些男老师要求单独找你谈话，这种情况下，无论这个老师平时对你有多关心，都绝对不能单独过去，而是要约一个要好的同学一起过去。内心坦荡的男老师，对于你这样的做法，压根就不会有任何不满。另外，万一遇到居心不良的男老师，面对多出来的一个学生，他即使心有不悦，也不敢做出侵害你的事情。

3.面对男老师、男校长的过分行为，坚决说"不"

有些男老师之所以敢明目张胆地侵害女学生，就是因为他们知道，大部分女学生在老师面前都会乖巧听话的。他们正是利用了女学生的这个弱点，才敢肆无忌惮地摸女孩身体，甚至性侵女孩。女儿，万一你有一天遇到这种情况，千万不要选择屈服，而要厉声地告诉他："你再敢摸我，我回家就告诉妈妈！"当你表现出坚决的态度时，对方也会有所顾忌，停止他的行为。

4.无论你遭遇了什么，都要及时告诉父母

案例中的玲玲因为顾忌男老师的身份，一直选择沉默，直到最后实在忍无可忍，才哭着打电话告诉了妈妈。可是那时候，对方已经侵害了她十余次，这对女孩的身心而言是多么大的伤害。所以万一有一天，你遇到了这样的伤害，一定要第一时间告诉父母，我们一定会及时报警，将伤害你的坏人绳之以法。千万不要自己一个人默默忍受，这只会助长对方的嚣张气焰。

女儿，现在的你知道以后如何和男老师、男校长们相处了吗？你要知道，这么做并不代表不尊重老师，而是为了提防那些居心不良的坏人，更好地保护你自己。在类似的案件层出不穷的今天，选择保持距离、保护学生，不仅是每个家长的共识，也是每个有良知的老师的共识。

远离那些"不三不四的朋友"

女儿，从你踏入校园的那一天开始，你的生活里不再只有爸爸妈妈、爷爷奶奶这些亲人，还会迎来更多的新同学、新朋友，他们将每天和你朝夕相处，度过一天又一天充实、快乐的时光。

列夫·托尔斯泰曾经说过"财富不是永久的朋友，但朋友是永久的财富。"一个好的朋友将会是你人生路上的良师益友，在你失落的时候开导你，在你快乐的时候与你分享，在你做错事的时候严厉地指出你的问题，帮助你更好地成长。在结交朋友时，妈妈建议你选择那些与你志趣相投的朋友，远离那些"不三不四的朋友"，否则他们带给你的绝不是精神上的财富，而极有可能是伤害。

说到这里，妈妈想起了一个发生在身边的真实案例。

妈妈一个朋友的女儿，名叫文文，在12岁时，她突然迷上了到网吧玩游戏。她的妈妈非常担心她的安全，就减少了她每月的零花钱数额，想着女儿身上如果没有多余零花钱的话，就会乖乖地待在家里学习。可是，有一天当妈妈发现女儿又没有按时回家后，就着急地四处去找女儿，结果最后在一家网吧发现了女儿的踪影。妈妈怒不可遏地质问女儿，"你的钱从哪里来的？"就在这时，旁边一个和女儿一样稚嫩的女孩慢悠悠地站了起来，理直气壮地告诉她："阿姨，是我借给文文的，我是她的好朋友小丽。"妈妈气愤地回击道："借钱让她来网吧打游戏，连作业都不好好做，你觉得自己算是一个合格的好朋友吗？"女孩被问得愣在原地，哑口无言。

回家之后，文文妈妈跟女儿严肃地谈论了一下交朋友的话题，她告诉文文，如果再和小丽这样"不三不四"的朋友继续交往下去，她的学业就可能会荒废。可是文文却义正词严地告诉妈妈："她不是什么不三不四的朋友，你别这样说她，她也很可怜。"原来，小丽的爸爸妈妈一直在外做生意，便把她丢给了姥姥姥爷来照顾，出于愧疚，父母每个月都会给小丽数额不小的零花钱，小丽拿着这些钱，到处挥霍。

女儿，你知道这件事情最后的结局是什么吗？文文继续和小丽交往了一年半，在这一年半的时间里，文文的成绩飞速下滑，甚至一度到了被老师勒令退学的地步。最后文文妈妈不得已下了狠心，辞职带文文转学去了另外一所学校，整整守了她3个月才彻底断了女儿和小丽的联系。而换了新环境的文文最终也慢慢地开始将心思放到了学习上。

女儿，这个年纪的你，对于交友并没有特别成熟的认知，往往只是会凭着个人喜好来结交朋友，根本不考虑这个朋友的三观正不正，学习态度好不好，只要玩得来就可以了。这恰恰是非常危险的一件事情，仅凭个人喜好来选择朋友，你会很容易遇到像小丽那样只顾带着你吃喝玩乐的朋友。这样的朋友非常肤浅，不仅无益于你的成长，而且极有可能将你带入歧途。

在这里，妈妈想根据你的年龄特征提几点建议，以免你受到不良朋友的诱惑，做出出格的事情来。

1.好的朋友，应该诚实善良

处在你这样的年纪，正是形成正确的世界观、人生观、价值观的时候，结交的朋友应该诚实善良，具备良好的道德品质。如果一个朋友喜欢小偷小摸，

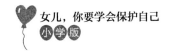

你和他（她）在一起，说不定会禁不住诱惑，跟着他（她）一起小偷小摸；如果一个朋友自私自利，喜欢占便宜，那么你跟他（她）在一起，说不定也会养成贪小便宜的不良习惯。相反，一个诚实善良，品行良好的朋友，会用实际行动影响你，让你知道什么事情是对的，什么事情是错的。

2.好的朋友，应该相互促进

一个好的朋友，应该和你相互促进，将对方变成一个更好的人。举个简单的例子，如果你的学习成绩不错，你可以鼓励他、帮助他，让他变成和你一样成绩优秀的孩子。如果他身上有什么优点，也会潜移默化地影响你，促使你往好的方向改变。案例中的文文和小丽，最失败的地方就在于她们不仅没有相互促进，而且还互相纵容彼此的缺点，最终将彼此变成了更加糟糕的人，这样的朋友不算是真正意义上的好朋友。

3.好的朋友，应该彼此坦诚

好的朋友之间，应该彼此坦诚，如果你身上有什么缺点，对方会毫不犹豫地帮你指出来，希望你能改正，从而让你成为一个受大家欢迎的人，而不会一味地奉承你、赞美你，让你自欺欺人地带着缺点前行。中国有句老话，叫作"良药苦口利于病"，真正的朋友就像一剂良药，虽然入口很苦，却能让你药到病除，免受病痛的折磨。案例中的小丽，遇到文文这样的情况，应该帮助文文妈妈一起劝解文文按时回家，而不是借钱给她让她继续堕落，这样的朋友，不要也罢。

女儿，你踏入小学后结交的朋友，将会深深影响你成长的方向和进程，妈妈希望你能保持理性，慎之又慎，远离那些让你走向歧途的"不三不四的朋友"。

面对同学敲诈勒索怎么办

女儿，提到"敲诈勒索"，你不要以为这样的事情只会发生在校园之外，在欢声笑语、书声琅琅的校园里面，有的只是亲切的同学和老师，怎么可能会出现"敲诈勒索"这么阴暗的事情呢？然而，妈妈想要告诉你的是，这种事情确实会出现在美丽的校园里面，而且实施"敲诈勒索"的人很有可能就是和你一样身穿校服的同学。

在妈妈上小学的时候，也曾目睹过同学被敲诈勒索的事情，那个年代有富余零花钱的学生非常少，所以敲诈勒索的目标往往是学习用的铅笔、小刀这些学习用品。妈妈记得，当时班里有个"小霸王"，看中了另外一个女同学手里的圆珠笔，很想据为己有，于是他便在下课时变着法儿地欺负那名女同学，不是往她的书包里塞一条小青虫，就是在她路过过道时伸腿偷偷绊她一脚。后来那位女同学为了避免再被欺负，只好忍痛把那支好看的圆珠笔送给了那个"小霸王"。

但是后来，事情突然发生了戏剧性的转变。有一天，那位女同学上初中的哥哥知道了这件事情，他二话不说，就拉着自己的妹妹找到了这个"小霸王"，直截了当地把妹妹的圆珠笔要了回来，而且义正词严地警告他："从现在开始，不允许你再欺负任何一个小同学，不然被我知道的话，我还会过

来找你讲讲理。"当时的我们，觉得这个哥哥简直就是从天而降的"正义的化身"。长大后，妈妈才知道，那个所谓的"小霸王"充其量只是一个虚张声势的纸老虎，但凡碰到一个稍微比他强大的对手，瞬间就偃旗息鼓了。

女儿，妈妈希望你能通过这件事情吸取一个教训，那就是面对同学的敲诈勒索时，你越害怕，他越嚣张，你若强硬，他反而会败下阵来。所以下次如果有同学敲诈勒索你，你要像那个勇敢的大哥哥一样，直截了当地拒绝他、制止他，如果你一味妥协的话，很可能会让对方变本加厉地欺负你，下面这个案例就是很好的证明，我们一起来看看吧！

2015年5月，安徽省怀远县新城区某教学点，六年级的多名学生家长向学校反映，一些孩子经常偷家里的钱，无论父母如何训斥、教育，这些孩子也不肯说出钱的去向。后来，才有孩子迫于压力告诉父母，班干部有检查作业和背书的权力，且多次以检查作业和要求背书为名，向同班同学索要财物。被敲诈勒索的孩子告诉家长："作业没写完的学生要给他交钱，写完的也要交，否则作业会被撕掉还会被逼喝尿。"据调查得知，涉事的12岁班干部小佳从三年级便开始向同学索要钱财，数额从几元到几百元不等，其中最多的一个孩子称其共上交了一万多元。事情调查清楚之后，怀远县教育局已撤销该班班主任的教师资格，并撤销该教学点校长职务，而且安排了专业人员对涉事学生进行心理辅导。

女儿，案例中的几个小学生，如果能在被班干部敲诈勒索的第一时间及时告诉家长和老师的话，他们肯定用不着三番五次地去偷家里的钱，更不可能会被班干部逼着喝尿。在这里，妈妈想跟你普及一下有关未成年保护的相关法律知识，案例中的班干部小佳虽然只有12岁，尚未成年，但是我国法律规定，未成年人实施敲诈勒索，受到侵害的孩子可以向他们的监护人提出赔偿要求。不仅如此，如果受到侵害的孩子报告了老师和学校，校方也应该及时采取保护措施，制止学生的敲诈勒索行为，必要时还可以依据校规对其进行相关的处分和处罚。所以女儿，在面对同学的敲诈勒索时，你一定要及时告诉老师和家长，千万不要一味妥协去纵容对方，这只会让你受到更大的伤害。

在这里，妈妈还想跟你提几个建议，以免你遇到这样的伤害。

1.平时上学不要带太多的财物

女儿，平时上学准备足够的零花钱就可以了，没必要携带贵重物品或多余钱财去上学。"枪打出头鸟"的道理放在校园欺凌方面也适用，一个表现得特别富有的学生比一个穿戴简朴的学生，更有可能被学校里的"小霸王"盯上。因此，为了避免不必要的麻烦，女儿，你上学时还是应该以简单、朴素的风格为主。

2.平时注意远离"有问题"的学生

进入校园，你应该逐步完善自己的是非观，知道哪些事情是对的，哪些事情是错的。如果你身边某些同学平时在上学时表现出爱占便宜、欺负弱小、言行不雅的行为习惯时，你一定要远离这样的"问题学生"，不要和对方走得太近，以免受到其威胁。

3.一旦被敲诈勒索，一定要告诉父母和老师

一旦被同学敲诈勒索，无论对方如何威胁你、警告你，你都要第一时间告诉父母和老师，千万不要采用"以暴制暴"的方式打回去，也不要偷偷用钱来息事宁人，这两种极端的解决办法都不可取。在学校时你可以选择先告诉老师，请求老师的保护。如果老师没有第一时间处理这件事，那么记得回家告诉父母，我们会及时跟老师沟通协商处理这件事情，如果协商不成，我们甚至会报警寻求警方的帮助。

总之，女儿，你要坚信，只要鼓起勇气来应对，敲诈勒索的行为一定可以被制止。你千万不要因此背负沉重的心理负担，要相信老师、父母，还有法律的力量，你要做的只是坚定一些，绝对不要向校园里的敲诈勒索行为低头妥协。

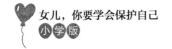
对任何校园霸凌说"NO！"

　　女儿，校园对于你而言，应该是洋溢着欢声笑语和琅琅书声的快乐之所，你在这里可以结交到志同道合的朋友，可以在知识的海洋里自由徜徉，也可以在这里织就向未来起飞的梦想。可是，曾几何时，校园霸凌却悄悄地浸淫了这片原本宁静祥和的乐园，将残忍的手伸向了原本天真无邪的你们。

　　前一段时间有一部热映的电影叫作《少年的你》，就是讲述校园霸凌的。由周冬雨饰演的陈念，被故意恶作剧、被"扇巴掌"、被嘲笑、被排挤，受尽欺凌，影片的每一个画面都触目惊心……它的热映引发了大家对于"校园霸凌"这个话题的热烈讨论，大家纷纷回忆起了自己当年遭遇过的霸凌事件。

　　最近还有一个闹得全国皆知的校园霸凌事件：

　　家住河南省禹州市大涧村的小花（化名）是大涧学校二年级学生，2018年，家里把她送到县城读小学一年级，由其姑姑照顾。后因小花姑姑忙不过来，2019年暑假，家人便把小花转到大涧学校。同年，9月28日中午午饭后，课外活动期间，几个淘气的男生抓住了小花，一个男生负责按住她，另一个男生就负责往她眼睛里塞进撕碎了的纸片。事后，妈妈带小花去了医院，医生为小花检查后进行了相应治疗。

女儿，看完这些悲伤的故事，你有什么感受吗？霸凌给她们带来的伤害，远非身体创伤这么简单，它会像一块浸润了黑色污渍的幕布，一点点盖过她们原本阳光快乐的年少岁月，变成一片黯淡无光的黑色阴影，笼罩在心头。

事实上，还有更多的校园霸凌事件不为人所知。很多校园霸凌只是因为"跟其他女生打了一下招呼""你长得太胖了"等琐事而起，霸凌行为往往会给对方造成沉重的身心伤害，严重的校园霸凌甚至可以致人死亡。女儿，妈妈无法想象，如果你有一天受到这样的伤害，妈妈的内心该有多么崩溃。

女儿，妈妈想要告诉你的是，面对校园霸凌不能一味软弱、退缩，如果是那样的话，那些霸凌你的孩子就会更加坚信你是一个好欺负的孩子，接下来，他们可能会更加肆无忌惮、变本加厉地欺负你。因此，妈妈希望你做一个坚强勇敢的女孩子，面对霸凌行为，能够站出来，坚定地对他们说"不"。

当然，现在的你因为年少，面对霸凌时难免会表现得茫然无措，不过女儿你别担心，妈妈在这里跟你分享几个好的建议，如果有一天你遇到了校园霸凌，希望你能好好想想妈妈说的这些办法。

1.受到任何委屈，你都可以告诉爸爸妈妈

女儿，你要记住，爸爸妈妈永远是你人生中最值得信赖的朋友，你在学校受到任何排挤和委屈，都可以毫无保留地告诉我们。令妈妈非常心痛的是，很多遭受了校园霸凌的孩子，受到委屈之后出于各种各样的顾虑不愿找父母倾诉，而是选择写日记或者离家出走的方式来悄悄消化。久而久之，他们因为承受不了巨大的精神压力而消沉堕落，有的人甚至选择用轻生的方式来摆脱痛苦。妈妈不希望这样的悲剧发生在你身上，所以希望你能把我们当作无话不谈的好朋友，和我们一起分享你的每一份喜悦，分担你的每一份痛苦。万一有一天你在学校受到了同学的排挤和欺负，千万别一个人独自承受，记得要在回到家时告诉妈妈。你要知道，一份痛苦，两个人一起分担就会减少很多。

2.面对校园霸凌，你应该勇敢地站出来说"不"

女儿，如果你在那些欺负你的孩子面前表现得更厉害，那么他们下次就不

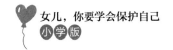
敢轻易欺负你了，比如你可以大声告诉他们："我不怕你，我也不允许你这样对我，如果你敢欺负我，我就告诉老师和爸妈！"只有让对方知道你面对霸凌的态度和决心，才能彻底制止这种霸凌行为。在这里，妈妈想要叮嘱你的是，"以暴制暴"并不是对待霸凌的好办法，这样做，不仅不能制止对方，而且极有可能会让你受到更大的伤害，所以你只需厉声警告他们就可以了。如果面对你的厉声警告，他们依然不打算退缩，那么请相信老师和爸妈，我们会站出来，以理性的办法和你一起解决这个问题。

3.你需要多参加团体活动，多结交一些朋友

女儿，妈妈相信，一个开朗大方、自信乐观的孩子，身边肯定不乏许多志趣相投的好朋友。当你身边拥有了越来越多的朋友时，那些想要欺负你的同学，就会对你敬而远之。很多做出霸凌行为的孩子，潜意识里都有一种错误认识，那就是"强大的可以欺负弱小的，弱小的就应该被欺负"，当你表现得足够强大和自信的时候，当你周边总是围绕着许多朋友的时候，那些习惯欺负弱小的孩子就不敢欺负你了。

总的来说，妈妈希望你不要惧怕任何校园霸凌，当面对霸凌的时候，一定要对它坚定地说"NO！"勇敢的女儿，你拥有坚定的父母、乐观的心态还有众多的朋友，相信有这些实用的"法宝"护身，校园霸凌也会离你越来越远。

上下学最好结伴而行，走安全的路线

女儿，现在你已经升入了小学，以后你自己上下学时，最好和同学结伴而行，以免发生不必要的危险。你在上下学的路上可能会遇到各种各样的风险，比如交通事故、敲诈勒索、被坏人尾随，等等。所以，在爸爸妈妈不能陪伴你上下学的日子里，妈妈希望你最好能和小朋友一起结伴出行，选择一些比较安全的固定路线行走，将自己上下学遇到的危险降到最低。

女儿，对于上下学的安全问题，你千万不要疏忽大意，因为危险可能随时会出现在你身边。下面，就请你和妈妈一起看看下面的这个案例吧。

2018年的一天，11岁的女孩小小，穿着粉色的衣服，打着一把雨伞，独自走在放学回家的路上。她的身后，跟着一个黑衣男子，小小快走几步，男子也跟着她快走几步；小小停下来，男子也停下来，不再往前走。小小快要走进家门时，身后的男子突然捂住了小小的口鼻，把她往后拖。小小以为是同学在和自己开玩笑，结果扭头一看却发现是一位陌生的叔叔。小小吓得赶紧尖叫起来，并拼命挣扎。此时小小的妈妈正在家里做午饭，听到小小的尖叫声，赶紧出门查看，男子闻声而逃。

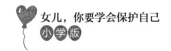
女儿，现在你意识到上下学路上可能出现的危险了吗？即使在你熟悉的回家路上，都有可能遇到尾随你的坏人。案例中的小小，如果能够在放学的时候和同学结伴而行，那么同学很有可能就会发现尾随在她身后的男子，并且能在遇到危险时，第一时间向大人求救。除了和同学结伴而行之外，妈妈还想跟你分享几条有关上下学路上安全的建议，希望能对你有所帮助。

1.上下学路上要多观察周围环境

女儿，你在上下学的路上，一定要多注意观察周边的环境，注意来往的车辆，还要警惕身旁行迹可疑的陌生人。如果你发现身边的陌生人有尾随的嫌疑，一定要就近向身边的大人求助，或者拨打报警电话，千万不要再继续往前走，以免在偏僻的道路上被坏人控制。

2.要熟记父母的联系电话

每个孩子都应该熟记父母的电话号码以及自己的家庭住址，一旦在路上遇到突发情况，可以及时向父母求助。不过千万要记住，一般情况下，父母的电话号码或家庭住址最好只告诉警察叔叔，而不要随便透露给其他陌生人，以免上当受骗。

3.上下学最好选择人流比较多的线路

上下学时如果有多条道路可以选择，你应该选择人流比较多的那条路线。有的路线虽然比较近，但是如果行人稀少的话，最好不要走。因为这种道路往往也是坏人喜欢潜藏的地方，在这种地方，一旦你遇到危险，即使大声呼救，也很难有人听到。另外，你还应该尽量选择灯火通明的道路行走，一般在灯光明亮的地方，坏人害怕自己的面貌暴露，一般都不会贸然行动。

4.上下学路上要远离陌生人

上下学时，要以最快的速度赶往学校或自己的家，一定不要在路上玩耍。如果遇到陌生人搭讪，或者有陌生人提出带你外出玩耍的事情，要坚决拒绝。因为你一旦跟随陌生人离开，你的人身安全将会完全掌控在对方的手里。很多被拐卖或者被杀害的孩子，都是被坏人以各种各样的理由骗走之后得逞的，所以面对陌生人的搭讪或者邀约，一定要坚决拒绝，千万不能跟对方离开。

女儿，从你能够独自上下学的那一天开始，就算走出了独立的第一步。妈妈希望你能提高警惕，平时多看多听多观察，将遇到危险的可能性降到最低。除了上面的建议之外，平时你还应该养成良好的安全意识，比如过马路要观察红绿灯，坚持走人行横道，不横穿马路，不和同学在马路中间打闹，坐公交时不将头和手伸出车窗外，等等。女儿，只有不断提高安全意识，你才能平平安安地享受美好的校园生活。

第三章

社会比你想象得复杂，一定要当心

女儿，这个社会远比你想象得复杂，你一定要学着让自己变得"聪明"一点儿，无论是坐黑车、搭便车，还是夜间出行，都要时刻当心随时会出现的各种危险。即便是乐于助人，妈妈也希望你能多个"心眼儿"，千万别让善良成为伤害你的帮凶。

天下没有免费的午餐，小便宜不要占

　　每个孩子出生时都是一张白纸，他的性格、品行如何，全靠父母来涂写。父母给他绘就一幅灰色的图画，他的人生便沾染了灰色的影子；父母给他绘就一幅彩色的图画，他的人生便是多姿多彩的。同样的道理，如果父母胸襟博大，眼界宽广，孩子也会有一颗宽广的心胸；如果父母眼界狭窄，爱占便宜，那么孩子也会有样学样，爱占便宜。对于一个孩子而言，贪小便宜有时候并不仅仅是道德欠缺，还会带来危险。因为天下没有免费的午餐，你一旦吃了别人给的免费午餐，也许会为此付出昂贵的代价。

　　所以，女儿，你要记住，千万不要贪小便宜。说到这里，妈妈想起了你小时候曾经发生在游乐场里的一件事情，这件事情可以很好地让你明白这个道理。那天，你刚进游乐场，就有一个小女孩过来热情地为你们分发贴画。当时你非常开心，觉得自己找到了一个好朋友。可是不一会儿，那个小女孩就宣布了重大的决定："拿到贴画的小朋友排队过来吧，接下来我要做公主了，但还需要一个随从来帮我推车，你们谁先过来推我？"

　　当时妈妈站在旁边，就这么默默地看着你们挨个去做"公主"的随从，"公主"想往东走，你们就把车推到东边；"公主"想往西走，你们就把车推到西边，直到你们彻底厌倦了这个游戏。回家之后，妈妈告诉了你一个道理，那就是任何时候，天下都没有免费的午餐，你贪图了别人给你的小便宜，那接下来就可能付出"回报"别人的大代价。

有的时候，对一个女孩子而言，贪小便宜甚至会让你付出贞操和生命的代价，我们一起来看看下面这个案例吧。

2015年8月的一天，9岁的菲菲和苗苗一起打算去找鹏鹏玩，路上遇到了鹏鹏的爷爷王某。王某说自己家里有很多零食，还热情邀请两个女孩到自己家里做客。看着眼前和蔼可亲、热情万分的爷爷，菲菲和苗苗没有多想，便跟着爷爷一起去了他的家里。到了王某家里之后，王某真的拿出来很多零食，让两个小女孩边吃零食，边跟他聊天。过了一会儿，王某问菲菲和苗苗想不想要零花钱买东西，这种情况下菲菲和苗苗想都没想便点了点头。王某借机提出，如果想要零花钱的话，就得让他抱一下。菲菲和苗苗一想，被爷爷抱一下也没什么大不了的，便同意了。后来王某越来越大胆，竟然开始猥亵女孩，并且提出每次给10元钱。后来菲菲的爸爸在整理女儿的书包时，发现女儿竟然多了很多零花钱，再三追问之下才得知事情原委，随后立即向警方报了案。

女儿，菲菲和苗苗只是两个涉世未深的小女孩，她们在面对陌生人的诱骗时，并不知道所谓的搂抱、抚摸，甚至猥亵意味着什么。她们只是觉得自己好像没有付出什么代价，就免费得到了零食还有零花钱，却不知道自己失去的东西远比零食和零花钱要宝贵得多。如果菲菲和苗苗从一开始就知道天下没有免费的午餐，别人给的小恩小惠不能要，那么她们在面对零食和零花钱的诱惑时，就会下意识地说一声"不"。妈妈希望你能记住这个案例中的教训，面对别人给的任何诱惑，都要坚定地拒绝掉，因为那不是通过你的努力得到的回报，你索取了，便是贪了小便宜。

在这里，妈妈想跟你提几个小建议，假如以后你也面临同样的诱惑，不妨想想这些话。

1.平时不要养成贪小便宜的习惯

古代有句话叫作"一瓜一果之弗贪，一丝一毫之不苟"，意思就是说绝不能养成贪小便宜的习惯，哪怕是一瓜一果都不能贪图。女儿，不贪图小便宜的好习惯，需要你从日常生活中的一点一滴做起。小时候，糖果对你的诱惑非常大，可是你再想吃，都不会伸手去拿，因为那是别人的糖果；等你长大之后，看到别人用了什么好东西，也不会想办法去借来使用，因为那件东西并不属于你；同样的道理，等你再长大一些，如果有人拿零花钱来诱惑你，你自然而然就会明白一个道理，那是别人手里的钱，跟你一点儿关系都没有，就算别人无偿送给你，你也不会伸手去拿，因为"不贪图小便宜"的观念已经深入你的内心，成了你的一种行为习惯。

2.想要的东西，要靠自己的努力去得到

任何事情都是有付出才能得到回报，你想要的东西也是，都应该通过自己的劳动和努力去得到，而不是把希望寄托在别人身上，幻想着有朝一日天上能掉馅饼。如果有一天，真的从天上掉下了一个馅饼，那也很可能是一个陷阱，等着你去跳。所以，作为一个女孩，必须自尊自爱，对于自己想要的任何东西，第一反应都应该是"我该如何努力才能得到它"，而不是"谁能送我一个这样的东西呢"。

3.陌生人给的任何东西都不能随便要

女儿，为了避免以后遇到像菲菲和苗苗那样的遭遇，妈妈建议你，陌生人给的任何东西都不要随便接受，无论对方递给你的是饮料、零食还是金钱，你都应该毫不犹豫地拒绝掉。遇事多想想，陌生人与你非亲非故，为何要平白无故地给予你这些好处呢？把所有可能出现的后果都设想一遍，然后再做决定。任何时候，你的眼里都不要只看到别人递过来的东西，而应该看到那双手的背后，可能潜藏着什么坏心思。

女儿，我们常说富养女孩，其实女孩最需要富养的并不是物质，而是精神。一个女孩应该拥有宽阔的心胸、广阔的眼界，不要被眼前的一花一草遮挡了自己的视线。当你站得足够高时，再看待别人给你的这些小诱惑时，还会容易上当受骗吗？答案自然是否定的。

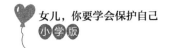

助人为乐也要多个"心眼儿"，当心掉进坏人的陷阱

　　女儿，从你上学那天开始，老师和爸爸妈妈就一直教育你要做一个善良温暖的好孩子，遇到别人求助的时候，要乐于帮助他人。在这里妈妈想跟你强调一点，爸爸妈妈所说的助人为乐，是希望你在学校能跟同学一起分享快乐，遇到有困难的同学，伸出友爱之手帮他一把。然而等你开始接触社会之后，妈妈却并不希望你成为一个完全为他人着想的女孩，因为社会比校园复杂得多。当助人为乐和你的平安健康发生冲突的时候，妈妈希望你能把自己的安全放在首位。

　　妈妈记得自己上小学的时候，班里的一位女同学有一辆漂亮的自行车，她每天上下学都骑着那辆自行车。然而有一天她却一脸狼狈地走进了教室，老师问她怎么了，她说我的自行车被坏人骑走了。原来那天中午有一个陌生的叔叔走过来问她："小姑娘，我不知道去隔壁村的路怎么走，你把自行车借给我，我去看一眼路就回来，可以吗？"善良的她毫无防备地把自行车交给了陌生的叔叔，然而她在原地等了很久很久，那个陌生的叔叔却一直没有回来。

　　女儿，妈妈跟你讲这个故事是想告诉你，有的时候助人为乐并不能得到美好的结果，因为你不知道向你求助的人究竟是好人还是坏人。丢了一辆自行车，并不算多大的损失，然而在现实生活中，你在助人为乐之后失去的有可能是健康和生命。接下来，请先和妈妈一起来看看下面这个由真实案件改编的韩国电影吧。

电影的名字叫《素媛》，讲述的是2008年12月的一个下雨天，8岁的小女孩素媛背着书包照常去上学。在路上，她遇到了一个喝醉酒的叔叔，这个叔叔走过来对她说："可以让叔叔一起打你的伞吗？"善良的素媛没有丝毫戒备就答应了陌生叔叔的请求。可是接下来噩梦发生了。这个陌生人却将她拖入旁边的公厕，对她实施了残暴的性侵，并且在性侵之后，残忍地伤害了素媛的身体。可怜的素媛需要终身带着便袋生活，而且完全丧失了生育能力。

女儿，这部影片非常残忍，妈妈鼓足了勇气才决定跟你分享这个真实的案例，因为她可以让你意识到真实的世界是什么样子的。素媛她并没有做错任何事情，只是出于善良的本能而答应了陌生叔叔的求助，结果却把自己推入了万丈深渊。妈妈希望你能记住这个悲惨的案例，在乐于助人的时候，要冷静下来先想想自己的人身安全。女儿，你要知道，并不是你以温柔对待这个世界，这个世界就会同样回报你温柔。

关于助人为乐，爸爸曾经跟你说过一句很有道理的话："一般人遇到困难，首先应该向大人寻求帮助，而不是向小孩寻求帮助。如果大人都做不到的事情，你作为小孩又怎么能够做到呢？"爸爸的意思很简单，遇事不向大人求助而向小孩求助的人，往往很有可能是坏人。在这里，妈妈也想跟你分享几个有关助人为乐时要长的几个"心眼儿"，说不定这几个"心眼儿"能在你助人为乐的时候变成你的"护身符"呢。

1.在路上遇到伤者，应邀请多人一起帮忙

如果你在上下学路上，碰到有摔倒在地的伤者，千万不要独自上前帮忙，而是应该大声呼唤附近的大人来帮忙。如果附近没有大人，你应该拿出手机拨打110或120电话，寻求警察叔叔或医护人员的帮助。切记，千万不要贸然扶

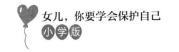

起伤者，否则一来有可能让伤者病情加重，二来有可能为自己惹上不必要的麻烦。

2.路上遇见钱包或财物，最好邀请旁人一起交给警察处理

现在社会上的诈骗案件比比皆是，为了避免惹上不必要的麻烦，如果你在上下学路上看到丢失的钱包或财物，应及时呼唤身旁的大人一起将钱包和财物交给警察叔叔。对于钱包里的金钱数额，也应和身旁的大人一起清点，千万不要自己单独清点，以免被居心不良的坏人讹诈。

3.路遇骑摩托车或者开车的人问路，一定要保持距离

如果你走在放学路上，遇到骑着摩托车或开着汽车的人问路，千万不要凑近摩托车或汽车去指路，而应该和摩托车或汽车保持一米以上的距离，大声回答对方的问题。如果对方提出让你上车带路，千万不要答应，因为你一旦上车，就有可能被坏人控制，无法脱身。很多被侵犯或者被杀害的女孩，往往都是经不住对方的一再请求，答应去对方家里或车里帮忙，结果遭到伤害的。

4.路遇歹徒千万不要盲目见义勇为

如果你在上下学路上看到有歹徒行凶时，千万不要盲目挺身而出，见义勇为。因为你的年龄尚小，身体单薄，完全不是歹徒的对手，一旦挺身而出，很有可能被歹徒伤害。所以遇到这种情况，你应该在确保自身安全的情况下，寻求身边大人的帮助，或者及时向警察叔叔求助，而不是盲目上前。真正的见义勇为不是逞匹夫之勇，不顾自己的生命安危贸然出手，因为这样不仅抓不住歹徒，还有可能让自己受到伤害。

女儿，妈妈不反对你乐于助人，但是帮助他人的时候一定要多留几个"心眼儿"，以免掉进坏人布下的陷阱。千万要记住，每个人的生命只有一次，任何时候生命都是最重要的，妈妈不反对你帮助别人，但前提是绝对不能伤害到你自己。

不要乘坐黑车、黑摩的

女儿，我们常见的交通工具，主要有私家车、公交车、地铁、火车等。从现在开始，妈妈认为你应该了解一下什么是黑车和黑摩的，在你出行的时候，应该避免乘坐它们。

所谓的黑车和黑摩的，是指没有在交通运输管理部门办理相关手续，没有营运牌照而进行非法营运的车辆。一般情况下黑车没有专门的售票窗口，价钱可以上下浮动；黑车还可以随意加座、超载等，因此具有很大的安全隐患；另外，黑车往往不按时发车，也不按正常的营运线路行驶。女儿，现在你了解黑车和黑摩的的特性了吧，这样的交通工具你还敢乘坐吗？

妈妈承认，在有些时候，比如时间紧迫又打不到正规出租车的情况下，黑车的确既方便又快捷，这成了很多人出行时备选的交通工具。但是妈妈希望你在任何情况下都不要乘坐黑车、黑摩的，因为现实生活中有很多因为乘坐黑车、黑摩的而发生的悲剧。很多女孩儿就是因为乘坐了黑车、黑摩的，而遭到了司机的侵害，有的甚至付出了生命的代价。下面就请跟妈妈一起来看看相关的案例吧。

2018年5月的一天，9岁的女孩佳佳跟着父亲外出。后来佳佳想回家，父亲因

为忙于工作，就叫了一辆黑车把佳佳送回家。佳佳上车之后，坐在了黑车的后排座位上，司机吴某一直和佳佳聊着天。当车辆行驶到红绿灯路口时，吴某握住了佳佳的手，快到终点的时候，佳佳即将下车，司机吴某却把佳佳拉过来，对她进行了摸胸和亲吻的猥亵行为。下车的时候，吴某对佳佳说："这是我们之间的小秘密，不要告诉家里人。"但是佳佳在下车之后，立即告诉了自己的父母。佳佳父亲立即报警，嫌疑人吴某最终被警方抓获。

女儿，如果佳佳乘坐的是正规出租车的话，这样的悲剧也许就不会发生。黑车没有正规的营业执照，而且黑车司机的素质往往良莠不齐，很多黑车司机言语粗鄙，举止不雅，这也是非常大的安全隐患。如果在路途中遇到交警盘查，黑车司机还有可能随时随地把乘客赶下车。所以女儿，一旦乘坐黑车，无论你的金钱还是人身安全都无法得到保障，因此妈妈建议你千万不要乘坐黑车或者黑摩的，哪怕你遇到非常紧急的情况，也应该寻找正规的出租车或者公交、地铁出行。

随着你慢慢长大，总会有单独外出的时候，这里有几个关于安全乘坐交通工具的建议，希望你能了解一下。

1.外出时最好选择公共交通

女儿，如果你需要外出，妈妈建议你最好选择乘坐公共交通工具出行，比如公交、地铁，因为这些交通工具上面有许多乘客一起出行，大大减少了外出时的安全隐患。根据调查，在公交、地铁上发生的猥亵和性侵事件的数量，要远远低于黑车和黑摩的。除此之外，乘坐公交和地铁，经济实惠，对你而言应该是最佳的出行方案。

2.外出时尽量提早出门，给自己预留充足的时间

女儿，你在外出时最好给自己留下充足的选择时间，不要因为时间匆忙而选择黑车和黑摩的。在出行之前要预留时间做好路线规划，选择一条适合自己的出行方案，如果时间紧急，确实来不及到达目的地，那也应该选择正规的出

租车出行，千万不要为了赶时间就随随便便把自己的生命安全置之度外。

3.上车之前要记下车牌号码和司机信息

无论何时，乘车都应该具备基本的安全常识。上车之后最好坐在后排车位，远离驾驶位置，这样万一遇上居心不良的司机，你在后座上逃脱的可能性更大一些；上车之前还要记录好车牌号码以及司机师傅的个人信息，将这些信息发给自己的家人或朋友，同时告知家人或朋友到达目的地的大概时间点；半路上如果遇到司机绕路或者进入偏僻路段的情况，也要把情况及时告知家人或朋友。

4.万一遇到危险，要想办法求救

如果在乘车过程中，已经预测到危险即将发生的话，这时候千万不要大声哭闹，以免激怒歹徒。你可以在中途看准时机，向司机师傅提出下车买水或上厕所等请求，然后尽快逃离。如果司机不同意中途停车，你可以在等红绿灯的间隙通过拍车窗的方式向路人求救；如果司机中途去加油站加油，你要看准时机向加油站的工作人员求救。记住千万不要激怒司机，这对你的求救没有任何意义，而应该在司机面前表现出自己的弱势和无助，让司机消除对你的戒备心理，然后再寻找合适的时机求助或逃跑。

女儿，总而言之，对于乘坐黑车、黑摩的千万不要存有侥幸心理。出行在外时，应该时刻保持警惕，把自己的生命安全放在第一位，千万不要为图一时省事，而给自己留下不可挽回的遗憾。

不要搭乘陌生人的便车

女儿，妈妈之前跟你探讨了不要乘坐黑车、黑摩的这个问题，接下来妈妈还想跟你探讨一下关于乘坐陌生人的便车的问题。你要知道，搭乘陌生人的便车，在实质上跟乘坐黑车、黑摩的的危险性是一样的。因为你在搭乘陌生人的便车时，同样把自己的人身安全交到了一个陌生人手里，而且在遇到危险时很难脱身离开。

妈妈承认，社会上的确有一些好心人在面对别人的请求时，会热心地让对方搭乘便车，同时会保证安全地将你送达目的地。如果你能够遇到这样的司机，只能说你很幸运，然而在现实生活中，搭乘陌生人的便车，很容易出事。

妈妈给你举个简单的道理，如果你有100次搭乘陌生人便车的机会，恰好碰见了99个非常热心、善良的司机，仅有1次碰到了1个居心不良的坏司机，那么这唯一一次的坏运气，就有可能让你付出生命的代价。为了杜绝这种危险，妈妈建议你无论遇到多么紧急的情况，都不要随便搭乘陌生人的便车，因为你不知道你所乘坐的便车的司机究竟是好人还是坏人。人生不是赌博，不要把你的人身安全交给陌生人来掌控，等你看完下面的案例之后，就能对搭乘陌生人便车的危险性有更深入的了解。

2017年8月11日，刚满12岁的小女孩月月，独自在山东省平阴县某环山公路行走。此时于某正好驾驶汽车路过，看到小女孩独自在公路上行走，便把车子停下来，以问路为由和月月搭讪。取得了月月的信任后，于某便说自己可以顺路捎月月回家。月月没有多想，便上了于某的小汽车。当汽车行驶至黄山路岔路口时，于某突然将车停下来，并绕到后座，想以100元钱作为条件诱惑月月与之发生关系。在被月月拒绝后，于某便强行亲吻了她。月月非常害怕，就用牙齿咬伤了于某，结果于某恼羞成怒，用拳头朝月月的肩膀狠狠打了一拳，月月趁机打开车门逃回了家。

女儿，案例中的月月，在陌生人的劝说下毫无防备地坐上了便车，结果却被陌生人伤害。幸亏她伺机逃脱，才避免了更严重的后果。试想一下，如果月月没能成功逃脱，那将会产生多么可怕的后果！要知道，在人流稀少的环山公路上，即使大声呼救，成功的可能性也微乎其微。因此无论任何时候，你都不要随便接受陌生人的好意，乘坐便车出行，因为你永远不知道前方等待你的是天堂还是地狱。

其实月月这个案例在现实生活中只是冰山一角，有些搭乘陌生人便车的女孩在遭遇侵害时激烈反抗，甚至有可能面临被杀害的危险。为了避免你遭遇这样的危险，妈妈在这里跟你提以下几条建议，这几条建议在关键时刻也许可以保障你的安全。

1.情况再紧急，也不要搭乘陌生人的便车

现实生活中我们的确会遇到一些紧急情况，需要赶时间。但是，越是在紧张急迫的情况下，你越应该保持冷静，因为越着急越容易出错，甚至有可能使你做出错误的选择。以搭车为例，如果你需要多花费10分钟或20分钟才能等到一辆正规的出租车，其实也没什么糟糕的，因为正规出租车相对而言可以保障你的安全。如果你因为慌乱而随便拦下一辆陌生人的顺风车，一旦遇到危险，可能永远无法到达目的地。和速度相比，安全永远要放在第一位。

2.无论陌生人如何花言巧语，也别上当

如果你停在路边等车，有热心的司机停下来问："小姑娘，你要去哪里？我可以顺路捎你一程。"这时候千万不要答应，如果司机进一步热心地劝你上车，依然不要犹豫，一定要坚决地拒绝他。"害人之心不可有，防人之心不可无"，从安全的角度考虑，这句话永远是对的。女儿，你要知道，坏人有时候也会伪装，表面看起来他和善慈爱，说不定转身就会向你伸出魔爪。所以无论陌生人如何花言巧语骗你上车，也别轻易上他的当。

3.乘坐家人安排的顺风车，上车前请核对好车牌号

2014年，有一个重庆女孩因为上错了家人安排的顺风车，结果中途被陌生人残忍杀害。因此，你在外出时，如果家人提前为你安排好了顺风车，那么在上车之前，一定要跟家人反复确认车牌号码、司机姓名等重要信息，以免发生类似的悲剧。如果上车之后才发现自己坐错了车，也不要惊慌失措，而应该打开手机及时联系家人，并耐心与司机师傅沟通，让其选择一个安全地点把你放下。

4.万一乘车时遇到危险，也别盲目跳车

如果你不幸坐上了陌生人的私家车，而且在路途中出现了危险情况，这时候千万不要盲目跳车。因为一旦跳车，有可能会发生严重的交通事故，连你的生命安全都无法保障。这种情况下，你千万要保持冷静，尽量以平和的心态和司机聊天，然后把司机的车牌号码、行驶路线发给家人，让家人报警。如果遇到合适的时机，你可以借机下车向路人求救，切记无论何时都不要和司机发生争执，以免激怒司机，加剧你的危险性。

女儿，妈妈一直告诫你，天下没有免费的午餐，搭便车也是如此，在外出时最好乘坐公共交通工具或正规的出租车，即使情况紧急，也不要随便搭乘陌生人的便车，因为一旦你坐进去，就相当于把自己的人身安全完全交给了对方。

如何安全地乘坐公共汽车

女儿，在你很小的时候，妈妈就已经带你乘坐过公共汽车了。记得那时候妈妈跟你约定了一些乘车规则，比如：不能在车上大喊大叫，不能在车上来回跑跳，也不能在公交车上吃东西。你在乘坐公共汽车时一直都表现得很好，可以说已经是一个合格的乘客了。但是，妈妈依然想与你约定几条乘车规则，这些规则大都与你的人身安全息息相关，需要你谨记在心。

你上小学之后，有些时候爸爸妈妈不能亲自接送你，就需要你自己乘坐公共汽车回家。这时候掌握一些必要的乘车安全常识，对你的人身安全而言非常重要。记得有一次你和妈妈一起乘坐公共汽车时，看到前面有几个小学生在玩"空手站立"的游戏，他们不抓扶手、座椅和吊环，就那么直直地站在车厢里，结果司机一个急刹车，他们全都惨叫着滚到了座位下面。另外，在乘坐公交车时还要注意提防"色狼"，我们一起来看看下面的一个案例。

2018年11月19日下午4点多，某市公交车司机蒋师傅准备把车开往停车场，这时一位戴红领巾的小女孩跑过来向他求助，她说车上有一位叔叔摸她。蒋师傅一边安慰女孩，让她不要害怕，一边将女孩交给同事照顾。这时，公交车已经进站，车上乘客都已经下了车，只有一位年龄大约50岁的男乘客还在车上。经过小

女孩指认，正是这名男乘客骚扰了她。蒋师傅气愤地冲向了这名男子，费了很大力气终于将其制服。随后蒋师傅和同事报了警，女孩的妈妈得知此事，也及时赶到了现场。

通过车内监控视频发现，当天下午4点左右女孩独自一人上了公交车，然后坐在车厢的中间位置，而涉事男子却离开自己的坐位，径直坐在女孩旁边的空位上，并阻止女孩离开。最后，女孩奋力挤出了座位，并向司机求助。

女儿，通过上面的这个案例，你现在可能明白了，乘坐公共汽车时不仅要注意安全问题，同时还应该提防"色狼"。在文明乘车这方面你已经做得非常好了，妈妈希望你在乘车安全和提防"色狼"这两个方面也能做得同样好。下面妈妈就跟你列举几个在乘坐公共汽车时需要注意的一些问题，希望你能记在心里。

1.乘车时要按顺序上下车

女儿，你在乘坐公共汽车时一定要排队，与其他乘客依次上下车，不要抢上抢下，以免发生危险。一般情况下，先下后上，等下车的人下完之后，你们再依次排队上车，不要硬挤上车，否则不仅容易摔倒，还有可能发生踩踏事故。

2.在车上禁止追逐打闹

乘坐公共汽车时一定要安静地坐在自己座位上，千万不要和同学追逐打闹。追逐打闹，一方面会影响其他乘客的乘车感受，另一方面还会对自己的人身安全造成危险。一旦遇到突发情况，司机紧急刹车，你就有可能摔倒在地上，严重的话还会导致骨折。

3.乘车时不要把脑袋或胳膊伸出窗外

在公共汽车快速行驶的过程中，如果你把脑袋或胳膊伸出窗外，就有可能与其他汽车或者树木发生擦碰，严重的话还可能会导致骨折或造成残疾。因此在乘车时，无论车窗打开与否，都切记不要将头或手臂伸出窗外，以免发生危险。

4.乘车时，一定要等汽车停稳再靠近

汽车在驶入站台时，你一定要站在站台上等候，而不要靠近行驶中的车辆。因为汽车尚未停稳时，你一旦靠近，就有可能被行驶的车体带倒，从而发生危险。另外，在汽车没有停稳的情况下，千万不要抬脚上车，否则容易重心不稳摔倒在地，甚至遭到车轮的碾轧。

5.遇到性骚扰，要大声呵斥对方，或向乘务人员求助

女儿，如果你在公交车上遇到"色狼"性骚扰时，一定要大声呵斥对方，不要惧怕他。因为公交车属于公共场所，一般情况下车上会有多名乘客，除了坏人，至少还会有司机叔叔在。所以在遇到坏人对你进行性骚扰时，一定不要忍气吞声，因为这样会使坏人得寸进尺，而要大胆地站出来呵斥他或向乘务人员求助。

6.乘坐公共汽车时，禁止在车厢内喝水、吃东西

很多女孩在放学之后，都喜欢买些零食、饮料在公交车上吃喝，其实这是一种非常危险的行为。因为汽车的行驶速度是根据路况随时变化的，一旦遇到紧急情况需要急刹车时，你很可能会被食物噎住或被水呛住，甚至还会咬伤舌头。曾经就有这样一个案例，坐在汽车后座的女孩正津津有味地吃着东西时，在前面开车的司机遇到紧急情况突然急刹车，结果女孩惨叫一声，舌头被咬破了，顿时鲜血直流。因此，从现在开始，无论什么时候乘坐公共汽车，都不要在车上喝水、吃东西。

女儿，现在你对乘坐公共汽车的安全知识是否有了一个全面的了解？乘坐公共汽车没有你想象得那么简单吧，并不是你乖乖坐在里面，就可以平平安安地抵达终点。你需要了解一些安全知识，才能确保自己在乘车时的安全。

夜晚出门最好找人陪同

女儿，你作为一个刚上小学的小女孩，妈妈最想对你说的是，夜晚无论发生什么事情，最好都不要单独出门，因为很多恶性事件往往都发生在人流稀少的晚上。无论是热闹的街头，还是偏僻的小巷，都可能随时会冒出醉酒者、流浪汉以及伺机而动的不法分子。你无论遇上谁，都会有潜在的人身危险，作为一个手无缚鸡之力的小女孩，一旦被对方胁迫，你将如何脱身？

一般情况下，你确实需要在夜晚出门的时候，爸爸妈妈都会陪你一同出行。万一哪天晚上你遇到了紧急情况，需要立即出门，而爸爸妈妈恰好又不在你身边时，你最好能打电话找个好朋友陪你一起出门，千万不要单独行动。

可能你觉得出门时只要带上手机速去速回，就没什么大不了的，可是很多抱有这样侥幸心理的女孩，却在夜晚单独出行后，遭遇了不测。女儿，每个人的生命只有一次，妈妈不希望你拿自己的生命去冒险，所以只要夜晚出门就必须找人陪同。下面，我们一起来看一个案例吧。

2018年6月的一天晚上，20岁的退伍军人小张捧着食物，边吃边沿马路行走。在行至一家菜市场门口时，他突然看到一个身穿绿色短袖的男子在强行搂抱一个十多岁的小女孩。起初他以为俩人是父女关系，可是当他看到小女孩一直在拼命挣扎时，便觉得不太对劲儿，于是他立即扔掉手中的食物跑了过去，厉声责问道："你是谁？"小女孩看到小张冲过来，急忙说自己不认识那名男子，而那名男子见状却吼了小张一声："让你多管闲事！"说完还要上前打小张。小张一把将对方推开，随后拿出手机拨打了110报警电话，并帮助小女孩联系了她的家人。

女儿，案例中的小女孩有幸遇到了退伍军人小张，可是现实生活中"天降英雄"的事情并不是随时都会发生。如果当时的情况发生在偏僻小巷里，身边一个路人都没有，后果不堪设想！女儿，夜晚单独出行的小女孩，很容易被不法分子盯上，而避免这种危险最好的方式，不是大声呼救，不是努力反抗，而是防患于未然，千万不要单独出行，以免给坏人可乘之机。

女儿，如果遇到需要夜晚出行的情况，千万要记住下面几条建议，这些建议在关键时刻可能会起到大作用。

1.夜晚出行，要找家人或信得过的好朋友陪伴

女儿，你在夜晚外出时，最好叫上家人，比如让爸爸妈妈或爷爷奶奶陪在你身边。如果爸爸妈妈、爷爷奶奶都不在你身边，那么你也可以找一个信得过的好朋友陪你一起出行。这样的话，万一在路上遇到危险，另外一个人也好及时呼救或者拨打报警电话。另外，结伴出行对不法分子还能起到震慑作用，一般在这种情况下，他们不敢贸然出手。

2.夜晚出行，要与陌生人保持距离

夜晚出行时，你应该多观察道路周围的情况，如果发现四处张望、行迹可疑的异性，最好绕道而行。如果遇到陌生人跟你搭讪，一定不要多说话，也不要接受对方提供的任何帮助，快速走开即可。如果碰到陌生人对你强行搂抱、拉扯等，一定要大声呼救，向过路的行人求救。但是如果周边没有行人路过，这个时候你最好不要大声呼救，以免激怒歹徒。最好的方式是跟对方巧妙周旋，尽量拖延时间，如果看到远处有行人经过，再抓住时机大声呼救。

3.多观察身后有没有陌生人尾随

夜晚出行时，你应该不时回头观察一下身后的情况，如果发现有陌生人尾随的话，要快步跑向灯光明亮、人流较多的地方，及时打电话告诉父母或者打电话向警察叔叔求助。紧急情况下，你还可以向身边的叔叔阿姨求助。另外，要注意的是，就算走到熟悉的小区和楼道，也不能放松警惕，仍然要不时观察身后的情况，以防对方从僻静的楼道里突然蹿出来。

4.夜晚出门，穿着不要暴露

女儿，你在夜晚出行时一定不能穿着明显暴露的衣服，这样你很容易被不法分子盯上，外出着装应该以简单朴素，舒适大方为主，越安全越好。如何穿衣打扮是你的自由，但社会上的人素质良莠不齐，为了你的安全考虑，最好还是穿着得体一点儿的衣服为好。

女儿，妈妈给你提供了这么多有关夜晚出行的建议，是为了保障你的人身安全。但是防范这些危险最有效的方法，就是夜晚尽量不要单独出行，不要给犯罪分子提供任何伤害你的机会，下课后要及时回家。如果想出去玩耍，也要提前告知父母，和同学结伴出行。

万一遇到有人尾随怎么办

女孩夜晚单独行走在一些僻静的场所时，很容易被一些坏人尾随。女儿，每当电影里出现坏人尾随女孩的画面时，作为观众的我们都会非常紧张和恐惧，恨不得大喊一声提醒女孩注意危险。

女儿，妈妈曾经反复告诫过你，女孩夜晚尽量不要单独出行，否则容易被坏人盯上。如果你的身后一直有坏人尾随，那么你一旦拐入偏僻的小巷、黑暗的楼道，接下来有可能会发生非常可怕的事情，妈妈想想就很担心。所以在这里，妈妈觉得非常有必要跟你探讨一下"被坏人尾随"这个话题，希望你提高警惕。

妈妈和你走在路上时，曾试着观察过你的举动，想看看你对身后的环境是否有所警觉。可是让妈妈失望的是，每次你走在路上时，眼睛永远只盯着前方，有时候身后突然走来一个人，你都没有丝毫觉察。可想而知，有一天你单独在外行走时，如果真的被坏人尾随了，即使坏人在你身后已经靠近你，估计你也不会警觉。妈妈想通过下面这个案例，让你知道一旦被坏人尾随，将会发生多么可怕的后果。

2013年7月16日晚9时许，女孩娜娜向姐姐提出自己想去楼下的超市买零食，

姐姐觉得楼下这么近，应该没什么危险，便同意了。可是大约10分钟之后，坐在客厅看电视的姐姐突然听到一阵急促的敲门声，紧接着门外传来"姐姐快救我"的求救声。姐姐立即打开房门，结果看到娜娜脸色惨白，倒在门口，于是赶紧把她扶到客厅的椅子上。让人震惊的是，娜娜的肚子上竟然还插着一把刀。

后来警方调查得知，当天娜娜在超市买东西的时候被一名陌生的男子盯上了。陌生男子看见娜娜买完东西，便起身跟着娜娜走出超市。电梯来了之后，娜娜进去本想按下10层按钮，结果那名男子跟着娜娜跑进电梯，抢先一步按下了负1层的按钮。电梯到了负1层，男子突然拖着娜娜往电梯外走，娜娜拼命反抗着跑回电梯，结果那名男子追着娜娜跑进电梯，在电梯上行的过程中，恼羞成怒的男子突然拔出刀捅向了娜娜……

女儿，案例中的娜娜在超市买东西时，就已经被陌生男子盯上了，可是娜娜并未察觉。后来男子尾随娜娜走进电梯，并且抢先按下负1层的按钮，此时娜娜依然毫无察觉，依然跟随陌生人下到了阴森森的地下室。如果娜娜能多了解一些相关的安全知识，也许就可以避免受到这样的伤害。所以，女儿，你在单独外出时，一定要注意观察周围的情况，时不时回头看看身后有没有坏人尾随。夜间出行时，你尤其要注意以下几点。

1.天黑时不走黑路、小路

女孩天黑之后最好不要单独外出，如果确实需要外出，也要尽量挑选有路灯的大路行走，千万不要因为贪图便捷而走黑灯瞎火的小路。而在这样的路上行走时一定要不时回头查看身后有无坏人跟随，如果发现有人跟随，要立即打电话向父母求助，并详细告知你所在的具体地点。打电话时你可以刻意这样大声说话，以迷惑对方："爸爸你在前面接我吧，我两分钟就到。"然后一边快速往前行走，一边继续和父母保持通话，坏人听到你的话，说不定就会马上逃走。

2.晚上尽量不要和陌生异性同乘一部电梯

晚上尽量不要和陌生异性同时乘坐一部电梯，如果对方先进电梯，那么你可以在外面假装等候下一部电梯过来。如果你先进电梯，随后有陌生男子进入，此时你最好按下就近一层的电梯按钮，出来之后再换乘电梯回家。案例中的娜娜如果发现有陌生男子尾随进入，且按下了负1层的电梯按钮时，就应该在电梯关门之前赶紧跑出来，而不是跟随陌生男子进入地下室。

3.回家之后，可以冲客厅大喊一句"我回来了"

女儿，妈妈建议你发现有人尾随你进入楼道后，进家门时就大喊"爸爸，我回来了"，哪怕家里没人，你也要这样大声喊叫。这么做是因为万一有坏人尾随你时，他起码知道家里有人在等你，便不敢贸然行动。一部分犯罪嫌疑人通常会在阴暗的楼道里选择对受害人下手，如果他听到"爸爸"在家，便会有所忌惮。

总之，女孩儿单独行走时一定要注意安全，不要养成低头看手机、听音乐的不良习惯，否则即使被坏人尾随，你也不会有所察觉。万一遇到这样的事情，也不要惊慌失措，而应该见机行事，巧妙应对。

不与家人之外的其他人到野外旅行

女儿，到目前为止，爸爸妈妈已经带你去了很多地方旅行，我们的初衷就是想开阔你的眼界，增长你的见识，想让你变成一个眼界更加宽广的女孩。你去沙漠骑过骆驼，也去湿地捉过螃蟹，甚至还有过野外露营的经历，但这些事情全部都是在爸爸妈妈的陪伴之下进行的，你并没有和我们之外的其他人一起旅行过。所以如果有其他人邀请你到野外旅行，妈妈希望你能慎重地考虑一下，你是否有足够的能力去应对。

外出旅行多次，你应该知道，旅行并不是一件说走就走的事情，它包括一系列的衣食住行安排，甚至还要注意方方面面的安全问题。

在这里妈妈想提醒你一件事。不知道你是否还记得，有一次我们从千岛湖游玩回来，你累得瘫在床上就沉沉睡去，最后是妈妈帮你脱掉了被湖水打湿的衣裤和袜子，并且为你换上了干净的睡衣。整个过程中你似乎都没有多少意识。妈妈在想，如果有一天你和其他人一起外出旅行，万一碰到同样的事情，你是否也会沉沉睡去，即便有人对你做了一些坏事，你也没有多少警觉？

妈妈也在想，野外旅行总能碰到或大或小的突发状况，如果你和陌生的朋友甚至是异性遇到了这样的情况，你能否淡定、理智地解决好你的住宿问题？

女儿，妈妈这么说并不是想打击你旅行的积极性，而是想让你慎重考虑一下，如果你和家人之外的人到野外旅行，遇到了类似的突发情况，对方会像爸爸妈妈这样细致入微地照顾你吗？对方在照顾你的时候，一定不会掺杂不好的心思吗？这些事情，不光是你，而应该是所有女孩都应该认真考虑的问题。因此，在你12岁之前尚未拥有足够的能力来应对这些突发状况时，妈妈建议你最好不要和家人之外的人到野外旅行，因为你无法确保自己的人身安全。下面，就和妈妈一起看一个案例吧。

2014年4月18日早上，12岁的蕾蕾像往常一样走出家门去上学，她的奶奶并没有注意到蕾蕾今天悄悄地带走了家里的户口本。上午8：00，学校老师突然给奶奶打来电话，说蕾蕾并没有到校上课。奶奶听完马上赶到学校，找到平时和蕾蕾很要好的同学们询问，同学们说蕾蕾好像认识了一个14岁的男网友，而且打算和男网友相约一起出去旅行，不过具体去了哪里谁也不清楚。奶奶一听非常着急，一边打电话叫回了在外打工的蕾蕾妈妈，一边急忙去派出所报案。

20日早上，蕾蕾妈妈突然接到一个陌生的电话，电话中蕾蕾哭着说"妈妈我想回家"。原来蕾蕾本来计划和网友小峰一起去成都游玩，结果小峰在成都的朋友因有事没能接待他们，于是蕾蕾便打算跟着小峰去河南新乡游玩。可是两人并没有买到当天去新乡的火车票，只好在达州火车站旁边的旅店住了一夜，19日晚上才到达了新乡火车站。20日早上，颠沛流离的蕾蕾突然感到了害怕，便用小峰的手机给妈妈打来了求救电话。

女儿，案例中的蕾蕾并不具备足够的旅行经验，便贸然跟陌生的网友去外面旅行，结果不仅把自己弄得一身狼狈不说，还有可能会遭遇到其他方面的危险。幸亏蕾蕾及时醒悟，及时拨打了妈妈的电话，才避免了更大的危险。

所以，妈妈希望你能记住案例中蕾蕾的教训，在你这个年龄阶段，千万不要跟除了父母之外的人到野外旅行，尤其是异性朋友。不过作为一个女孩，了解一些必要的旅行安全知识，对你而言也很有必要。

1.外出时不要带太多的现金、财物

外出旅行时，可以提前计划好旅行经费，除了必需的旅行经费之外，最好不要带太多的现金、财物，以免太过张扬，被坏人盯上。现在网上支付非常方便，出门时只需带上少量的零用钱即可，与现金支付相比，网上支付的安全性毕竟更高一些。

2.绝对不要和异性同住一室

外出旅行时，要带上足够的经费，千万不要出现因为资金不足而被迫与异性共处一室的情况。与你一起旅行的异性，无论是你的同学、朋友还是陌生网友，在任何情况下都不能答应他们共处一室的建议。另外，外出旅行时千万不可与异性朋友一起饮酒，否则你一旦醉酒失去意识，就会变成任人宰割的羔羊。

3.入住时要选择安保措施良好的酒店

外出旅行，节约不是你首要考虑的问题，选择一个安保措施良好的酒店才是你真正应该考虑的问题。一个能够保障安全的酒店，至少可以让你安心地休息。千万不要为了节省开支而选择人流混杂、管理混乱的小旅馆，这样的旅馆虽然便宜，但却存在很多潜在的危险。

4.临睡之时要检查门窗是否关紧

晚上临睡之时，一定要仔细检查门窗是否关好，一般的酒店门后都有安全栓，入睡之前最好把门栓扣上，这样即使有人捡到了你的房卡，也无法从外面打开门。如果你入住的房间靠近地面，晚上入睡时最好把窗户关紧，以防有坏人破窗而入。

女儿，妈妈跟你说了这么多有关外出旅行的安全知识，并不意味着我们赞同你随家人之外的其他人一起外出旅行。外出旅行需要注意的安全事项数不胜数，以你现在的心智和阅历，并不能很好地应对旅行中可能出现的各种突发情况，因此为了确保自己的安全，你最好还是选择跟随家人一起旅行。

第四章

对待陌生人，你别太单纯

女儿，面对陌生人时，你也别太单纯了，对于他们的任何帮助或求助，你都要保持高度警惕，千万不要随便接受陌生人的"善意"和"帮助"，否则你一时疏忽就有可能落入他们的圈套。现实生活中，陌生人欺骗你的花招都有哪些，你对此又了解多少呢？不妨好好看看这一章的内容吧。

陌生来电一定要当心

　　女儿，你上小学之后，爸爸妈妈会为你准备一个手机或电话手表，方便你在遇到危险或者突发情况的时候，及时与父母联系。但是，手机或电话手表带来便利的同时，也可能给你带来一定的危险：一方面，手机或电话手表可能会让你接触到一些陌生人，包括社会闲杂人员；另一方面，妈妈还担心，一旦你接到陌生的来电不能很好地应对，就容易落入对方的圈套，被陌生人欺骗。

　　2018年9月23日，陕西神木发生了一件轰动全国的重大案件。案件中遇害的女孩小婷（化名）原本乖巧、懂事、听话，是妈妈心目中贴心的小棉袄。可自从2018年春节有个亲戚送了她一部旧手机之后，这个女孩的生活完全改变了。她用手机在网络上结交朋友，认识了一些陌生的干哥哥干姐姐，而这些陌生的干哥哥干姐姐大都已经辍学在家。周末的时候小婷会跟他们一起逛街、唱歌，四处玩耍，慢慢地，自由惯了的小婷越来越不爱学习了。后来她通过这部手机还认识了一些不三不四的陌生男孩，竟被这些陌生男孩骗去卖淫，最后惨死在外。

　　看完这个案例之后，妈妈非常担心，和天底下所有的父母一样，我们为你配备电话手表（手机）的初衷是让你在遇到危险时方便联系我们，而不是让你用它去结交社会上一些不三不四的人。除此之外，妈妈还担心现在的网络诈骗非常频繁，你在心智尚未发育成熟之时，能否机智地应对各种各样的陌生来电。女儿，要知道电话那端的坏人绝对不会告诉你自己是骗子，他们也绝对不会直接跟你说"我想要你的钱"，而会通过各种狡猾的圈套来诱惑你，等着你往里钻。现在你就和妈妈一起来看看下面的案例吧。

2012年8月，福州市某派出所接到一名女士报警，称其女儿小媛遭遇了网络诈骗。接警后，民警急忙赶到事发地。原来，12岁的小媛独自在家用QQ聊天时，电脑中忽然跳出一条对话框，提示小媛中奖了，而且奖金十分丰厚。小媛点击后，页面显示领奖人需要填写个人资料，小媛便按照步骤填写了自己的手机号码、家庭住址等真实信息。操作完成后，电脑提醒小媛要先缴纳1800元保证金才能领取这笔奖金。

可能对方觉察到填写资料的是个孩子，几分钟后便直接拨打了小媛的手机，称小媛真的中奖了，填写了资料就意味着她已进入领奖程序，如果不交钱，造成的损失要小媛一家人承担，不仅如此，他们还会到法院起诉小媛的父母。受到恐吓的小媛十分害怕，便拿着父亲的银行卡跑到一家银行。她知道这张卡的密码，于是通过柜台将卡内的1800元转到对方的账户上。然而骗子还不满足，继续哄骗恐吓小媛。小媛随后又通过ATM机将卡内的存款分成几次转到对方账户中。

女儿，有一天你也可能会接到像案例中这样的诈骗电话，妈妈希望你能提高警惕，千万不要上当受骗。骗子虽然狡猾多端，但他们常用的诈骗方式却只有那么几种，要识别他们的骗局其实也不难。然而在现实生活中，因为你们的防范意识不强，在接到陌生电话时不懂得如何应对，给了犯罪分子很多可乘之机。因此在这里妈妈想跟你分享几个防范陌生电话的小建议，希望下次你接到陌生电话时能多留个心眼儿，不要轻易落入坏人的圈套。

1.接到前面带"+"号的陌生电话要小心

女儿，有一些陌生电话号码是骗子通过改号软件生成的，你在遇到这些奇特的电话号码时，一定要提高警惕。比如你如果接到前面带"+"号的陌生电话，一定要及时挂断，无论对方跟你说了什么，一概都不要相信，因为前面带"+"的陌生电话号码除了国际长途之外，大多数情况下都是骗子通过改号软件形成的，这种电话可以进行点对点直呼，对小学生非常具有迷惑性。

2.凡接到与汇款有关的陌生电话，要一概拒绝

女儿，你还是个孩子，还没有能力去处理任何与汇款有关的事情。因此你在日常生活中，一旦接到与汇款有关的陌生电话，要一概拒绝，千万不要被对方欺骗。无论对方说得多么真切，但只要涉及汇款问题，你就要挂断电话，及时把相关情况告诉父母，千万不要在未经父母允许的情况下向任何人汇款。再者，即便真的有需要汇款的情况，也应该由父母核实后进行，而不该由你们孩子来负责。

3.中奖、中彩票的"好事"一律不要相信

女儿，天下没有免费的午餐，天上掉馅饼的事，即便砸在你的头上也很可能是个陷阱，因此为了避免你被坏人欺骗，今后凡是接到陌生电话通知你"中大奖"的事情，一律不要相信。案例中的小媛如果能够经得起诱惑，对于"中大奖"这样的意外不随便动心的话，那么坏人也不可能有可乘之机。退一步讲，即使真的中了大奖，这件事也应该由对方通知父母，而不是通知你们孩子，你稍微动动脑筋，就能识破这些骗局。

女儿，手机或电话手表对于现在的你而言，无异于一把"双刃剑"。使用得当的话，它可以方便你与父母同学进行联系、沟通，然而一旦使用不当，它也很有可能成为你误入歧途、遭遇诈骗的"罪魁祸首"。

不要被陌生人的夸赞冲昏头脑

女儿，你小的时候妈妈带你出去，经常会有陌生的阿姨和奶奶夸赞你可爱、漂亮，每每这个时候，妈妈都会提醒你跟对方说一句"谢谢"。这种夸奖是陌生人之间表达友好的方式，而且有妈妈陪在身边，不会给你带来任何危险。

然而，等你长大一些，比如在小学阶段，走在路上时，便很难再有陌生的叔叔阿姨或爷爷奶奶夸赞你可爱、漂亮了，多数情况下只会在你做了好事时夸赞你"真是个好孩子"，在你热情地跟他们打招呼时夸赞你"真有礼貌"。妈妈想通过这件事让你知道，等你长大之后，夸赞也是在付出之后才会有的回报。因此，你需要学会理智地对待陌生人的夸赞，千万不要被陌生人的夸赞冲昏了头脑。

女儿，你还记得"乌鸦和狐狸"的故事吗？在这里，妈妈想跟你重温一下它。

"森林里面有一棵古老的大树，树上住着乌鸦一家，它们生活得无忧无虑。每天乌鸦妈妈早出晚归觅食，辛辛苦苦哺育着小乌鸦。树下有一个洞，洞里住着一只狡猾的狐狸。一天乌鸦从远方叼回一块大大的肥肉，站在树上休息，香味从

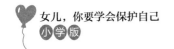

树上飘了下来。顺着香喷喷的味道，狐狸看见了树上叼着肉的乌鸦。香味真是刺鼻、诱人，狐狸太想吃这块肉了，馋得它直流口水。这时只见狐狸眼睛滴溜溜一转，笑着对乌鸦打招呼，'亲爱的乌鸦姐姐，您好呀？'乌鸦站在树枝头，昂着头，根本没有理会狐狸。狐狸见乌鸦不愿搭理它，又满脸笑容地细声夸奖道，'亲爱的乌鸦大姐，您的羽毛又黑又亮，真是漂亮极了，您的歌声一定也很甜美。人们都喜欢听你唱歌，又动听又美妙。'乌鸦听了非常高兴，便想表现自己甜美的歌声，于是它'哇'地大叫起来，没想到一张嘴肉就掉了下去。狐狸嘿嘿一笑，赶紧叼起肉，得意扬扬地走了。乌鸦这时才明白自己上了狐狸的当。"

女儿，现在你明白妈妈为什么希望你在面对陌生人的夸赞时要保持理智了吧。陌生人绝对不会无缘无故地夸赞你。面对对方的夸赞，你一定要保持清醒的认识，千万不要扬扬自得，否则很可能会乐极生悲，陷入坏人设计好的陷阱。不信就先看看下面这个案例吧。

12岁的小云长相漂亮，她心里有一个明星梦，曾经无数次幻想自己有一天能成为万众瞩目的大明星。有一天，小云在网上看到一个帖子，发帖人称可以介绍女孩到韩国一家娱乐公司当练习生。于是小云联系了对方，对方看了小云的照片之后，夸赞她长得非常漂亮，很有当明星的潜质，并告诉她只要交一笔面试费用，就可以介绍小云成为韩国娱乐公司的实习生。小云心动不已，于是便把自己这些年积攒的零花钱、压岁钱通通打给了对方，然后坐在家里一心等待着自己去韩国的那一天。可是一个月后，小云拨打对方的电话时，发现对方已经关机，而此时小云已经陆续给对方打去了9000元钱。

女儿，案例中的小云对自己没有一个清醒的认识，觉得漂亮是一件了不起的事情，尤其是在得到对方的夸赞之后，便勾起了自己一直以来蠢蠢欲动的明星梦。倘若小云在面对陌生人的夸赞时能够保持头脑清醒，那么她也不至于越陷越深，直到被对方骗走了所有的积蓄。所以你应该以此为戒，不要把漂亮当作一件多么了不起的事情，你越不重视外在的容貌，越不容易在面对陌生人的夸赞时上当受骗。

在这里，妈妈给你几条建议。

1.读书，远比漂亮更重要

世界这么大，漂亮的女孩数不胜数，没必要因为漂亮就沾沾自喜。作为一个女孩，你应该花费更多的时间去读书，从而不断拓宽自己的眼界，而不是把时间浪费在虚无的打扮和穿衣方面。腹有诗书气自华，意思就是只要你学识丰富、内心丰盈，那么自然而然就会散发出一种独特的气质，根本不需要通过外在的装扮来美化自己，更用不着通过陌生人的夸赞来满足自己的虚荣心。

2.远离夸你漂亮的陌生人

如果有陌生人跟你搭讪，夸你长得漂亮，那么你只需微微一笑或者道声"谢谢"，走开便好。如果对方是在发自内心地赞美你，你也只需表达谢意就可以了。而如果对方心怀不轨，想通过夸赞你漂亮而拉近与你的距离，然后借机推销产品、骗你钱财的话，那么你就要保持清醒，远离对方。总而言之，面对陌生人的夸赞，你一定要淡然处之，千万不要像案例中的小云一样，沾沾自喜，陷入不切实际的幻想之中。

3.面对夸赞，要有一颗平常心

女儿，每个人都渴望得到别人的夸赞，这是一种很正常的心理反应，但是面对夸赞，千万不要沾沾自喜，过度膨胀，而应该保持一颗平常心，戒骄戒躁，才能让自己变得更优秀。如果你在面对别人的夸赞时能时刻保持清醒，那么有一天，即便有居心不良的人对你阿谀奉承、甜言蜜语，那么你也能保持淡定和理智，而不会被虚幻的夸赞冲昏头脑，毫无防备地跌入别人给你设好的圈套里。案例中的小云如果在面对陌生人的夸奖时能够保持头脑清醒的话，就不会贸然掉进对方给她设好的"明星梦"陷阱里，把自己辛苦积攒的钱全部打给对方。

　　女儿，在你小的时候被人夸赞漂亮可爱，是一件非常美好的事情，然而等你长大之后，如果还有陌生人夸你漂亮可爱，那么你就需要擦亮眼睛，看看夸你的陌生人接下来有什么不良目的。

陌生人搭讪、问路要提高警惕

女儿，如果你走在上下学的路上，有陌生人找你搭讪、问路，那你一定要提高警惕，不要太过热情。妈妈之前说过，当乐于助人和保护自己发生冲突的时候，你要做的事情首先是保护好自己，在这个前提下再考虑去帮助对方，千万不要为了帮助对方而牺牲自己的人身安全。

女儿，你小时候就听过"农夫和蛇"的故事，农夫出于好心拯救了一条即将被冻死的蛇，可是就在他用自己温暖的怀抱把蛇救活之后，却没想到蛇竟反过来狠狠地咬了他一口，夺走了他的生命。"东郭先生和狼"的故事你也一定不陌生，东郭先生好心救了一匹被猎人追赶的狼，可是狼一出口袋非但不感谢东郭先生，还张口向东郭先生扑来。幸亏这时一个老农经过，抢起锄头把狼打死，这才救了东郭先生。

这两个寓言故事告诉我们一个道理：千万不要对蛇或狼一样的人讲仁慈，否则极有可能搭上你的性命。在现实生活中，我们很难分辨向我们搭讪问路的陌生人究竟是蛇还是狼，或者是真正需要帮助的普通人，所以只能保持警惕，尽可能地保护好自己。一旦放松警惕，极有可能会遇到难以想象的危险，接下来你就和妈妈一起看看下面这个案例吧。

2012年8月的一天早上，福州鼓楼区一名六年级的学生小容照常从家里出发去上学。当时天比较早，路上行人也不多。小容刚走到福州华林路某小区门口时，有一个陌生的老太太跟上来，先是问她读几年级，又问她书包重不重，就这样一路和小容搭讪着。

"当时我快走，她也快走，我慢走，她也慢走。"小容说，走着走着两个人就走到了一辆车子面前，老太太突然说："你书包这么重，不如坐我的车去学校吧！"然后就拽着小容的胳膊强行拉她上车。小容吓坏了，大声喊："我不要！我又不认识你！"然后拼命从老太太手里挣脱出来。让人想不到的是，老太太紧接着又去拉小容的书包，也被小容挣脱了。见始终不能把小容拉上车，老太太就开车走了。

案例中的小容在面对陌生老太太的搭讪时，并没有保持足够的警惕，甚至还和老太太聊了很长时间，直到老太太暴露本性，动手拉她上车时，她才警醒。如果当时小容没有侥幸逃脱的话，那么她极有可能被陌生的车子带到一个偏僻的地方，很难再回来。女儿，妈妈希望你以此为戒，在路上行走时，对于陌生人的搭讪、问路千万不要过于热情，该冷漠时就冷漠，该走开时就走开，千万不要给陌生人以可乘之机。要知道，陌生人在和你搭讪、问路的同时，也可能在寻找着向你下手的机会，所以你一定要提高警惕，及时走开。

现在的你对于陌生人的搭讪、问路，尚没有足够的分辨能力，不知道哪些人是好人，哪些人是坏人。在这里，妈妈想给你提几条有关自我保护的建议，希望你能记住这些建议，在陌生人搭讪、问路时，能更好地保护自己。

1.遇到有人问路，指点一下就行

当你走在上下学的路上，有陌生人走过来向你问路时，你只需用手指点一下就好了，千万不要过于热情，更不要主动给对方带路。因为你不知道陌生人是不是在骗你，也不清楚对方在前面究竟有没有同伙。在这种情况下，你只需给对方指出大概位置就可以了，不必为其带路或与其多言。另外，在回答问题时最好与对方保持足够的安全距离，千万不要让他抱走你或者将你拖上车，如果对方向你走近，你要反方向往后退。

2.遇到有人搭讪，最好扭头就走

如果有陌生人向你问路，那么他有可能是真的遇到了困难，但如果在路上有陌生人主动过来跟你搭讪的话，那么你最好扭头就走，千万不要和对方聊天。因为主动与你搭讪的陌生人，极有可能是在套取你的个人信息，或者想要从你这里得到什么，一般来讲不是无缘无故地只是找个人聊天而已。遇到这种情况，千万不要过于热情，因为对方有可能是在寻找时机，向你下手，你一定不要给对方伤害你的机会。

3.老弱病残的人不一定都是好人

女儿，你们这么大的孩子对于坏人往往会有一个约定俗成的观念，总认为坏人就应该是"坏叔叔"之类的中年人。可是很多坏人恰恰利用了你们的这种错误认知，而让看起来柔柔弱弱、面容和善的阿姨或者奶奶来找你搭讪、问路，这很容易让人放松警惕。而你一旦放松警惕，那么躲藏在背后的坏人就会趁机出来伤害你。所以女儿，为了避免这样的潜在危险，在面对陌生阿姨或者陌生奶奶之类的弱势群体搭讪、问路时，你也应该保持警惕，千万不要疏忽大意，更不要跟着对方去往偏僻的地方，比如对方的车里或家里。因为你一旦去了这些地方，就有可能被其他坏人控制，要知道，老弱病残的人不一定都是好人。

女儿，妈妈跟你说这些，并不是想让你变成冷漠无情的女孩，妈妈只是担心年幼的你因为无法分辨善恶而陷入危险之中。妈妈希望你做一个善良的女孩，同时也希望你做一个睿智的女孩，希望你能在保护好自己的前提下，再去考虑帮助他人。

不要向陌生人透露个人及家人信息

女儿，在你4岁时，妈妈就把咱们家的详细地址，还有爸爸妈妈的姓名、电话号码全部写在纸条上，让你记熟了，万一哪天你走丢了找不到家，你可以通过这些联系方式找到我们。可是，女儿你要知道这些信息属于咱们家的隐私，仅限于你和爸爸妈妈知道，没必要在外面透露给陌生人。因为，一旦陌生人知道你的个人信息和家庭信息，就有可能利用这些信息来欺骗你。

记得有一天，妈妈在接你放学的路上捡到了一幅画，画上画了一个美丽的苏菲亚公主，在公主的右下角有人还用稚嫩的笔迹工工整整地写下了一串姓名及电话号码。我们仔细一看，发现原来这是一位叫佳佳的小学生创作的绘画作品，她在上面把自己以及她爸爸妈妈的姓名、手机号码通通写在了上面。妈妈不难想象这位小姑娘在画作上写下全家人姓名时的骄傲和自豪，但是万一这张画纸被坏人捡到，那将是一个安全隐患。

后来妈妈和你一起打电话把这幅画还给了佳佳小朋友，并且叮嘱她，下次画画时，千万不要再将自己的信息还有爸爸妈妈的信息写在上面，万一这些信息被居心不良的坏人捡到，很可能会被拿来行骗。

女儿，仅凭这么一件事，可能你还无法意识到保护个人信息的重要性。那么，接下来妈妈想请你看看下面这个案例，这个案例中的小女孩可就没那么幸运了。

一个8岁的小女孩，有一天背着书包刚刚走到楼梯口，就碰到了一个陌生的叔叔。这个叔叔上前问她："小朋友，你们这栋楼里是不是有一个叫李叔叔的人啊？"小女孩想了一下说："没有哇。"这个叔叔紧接着又问小女孩，"你家住在几楼？怎么一个人去学校，爸爸妈妈呢？"小女孩想也没想就说："我家住在5楼，我妈妈姓王，爸爸姓张。爸爸平时工作很忙，经常出差，妈妈昨晚加班回来得很晚，现在一个人在家里补觉，所以我只好一个人去上学啦！"陌生叔叔听完这些事情，匆匆跟小女孩告了别，然后径直走到5楼敲开了门。

小女孩的妈妈开门一看，发现对面站着一个陌生人，正想关门走开，结果陌生男子说："嫂子你好，我是张哥的同事，张哥去出差了，昨天打电话给我，想让我到家里帮他拿一个文件，他说就放在书房的桌子上面。"小女孩的妈妈一听对方知道自己家里的详细情况便没有怀疑，打开门热情地让对方进了家门。就在女孩妈妈转身准备去书房寻找文件时，对方突然掐住她的脖子，然后抢走了屋里的手机、现金等财物，匆忙逃走。

女儿，你现在知道泄露个人信息和家庭信息是一件多么可怕的事情了吧，这些信息一旦被坏人掌握的话，就会被用来欺骗我们。案例中的坏人利用小女孩跟他说的详细信息欺骗了她的妈妈，说不准有一天会用同样的方式再去欺骗其他小女孩。因此，女儿，你要记住这个教训，在任何情况下都不要随便向陌生人透露个人信息及家庭信息。

我们现在生活在一个网络信息非常发达的时代，手机和各种社交软件让人与人之间的交流变得非常方便快捷，就连你们这些小学生也有属于自己的社交账号。妈妈想建议你，这些便利的联络方式最好仅限于家人和朋友之间使用，而不要随便告诉其他陌生人，以免被坏人利用。除此之外，在平时的生活中，你还应该注意以下几点。

1.微信需要开启添加好友验证功能

女儿，你在使用微信时一定不能忽略一些细节问题，如果你有时发现自己

微信里面莫名其妙多了很多好友，而你自己却并未添加他们，这个时候你要及时检查你有没有设置添加好友验证功能。如果你没有开启这个功能，那么陌生人就能很轻松地添加你的微信，从而向你推送广告，或者对你进行诈骗。

2.要关掉"附近的人"和"允许陌生人查看十条朋友圈"的设置

微信是一个很强大的社交软件，周围的人即使不认识你，也能通过大数据搜索附近的人从而找到你。这是因为微信上面有一个功能，叫作"附近的人"，你最好不要打开"附近的人"，以免别有用心的人搜到你。另外，微信朋友圈还自带一个设置，就是允许陌生人查看十条朋友圈，你应该把这个设置也关掉，以免坏人凭借你的十条朋友圈，掌握你的基本隐私情况。

3.不要让陌生人套取你的个人信息和家庭信息

案例中的犯罪分子在套取女孩的基本信息时，多数情况下不会采取直接询问的方式，而是先找机会搭讪问话，然后再向女孩问询她家里的基本情况。因此你在外面遇到陌生人搭讪时一定要保持警惕，无论陌生人如何"循循善诱"和你套近乎，你都不要把自己的个人信息和家庭信息透露给对方。

女儿，现在是一个网络高度发达的社会，大家在利用网络进行聊天沟通时，难免会将自己的一些重要信息透露给他人，这种情况下就容易给自己埋下安全隐患。因此，女儿，你需要提高自我保护意识，在任何情况下都不要把重要的个人信息或家庭信息透露给陌生人，以免上当受骗。

陌生人给的饮料尽量不要喝

女儿，在你小时候妈妈就曾告诫过你，未经父母同意，你不能接受任何人递给你的糖果或零食。现在你已经开始上小学了，很多时候妈妈都不能陪伴在你身边，你需要加倍小心周围的陌生人，不要随便接受陌生人递给你的饮料或食物，因为你不清楚他们递给你的饮料或食物是否安全。

过去发生过很多拐卖儿童的案件，很多人贩子都是以"带你去买好吃的"这样的理由将小孩骗走。现在随着大家的生活水平越来越高，以"去买好吃的"这样的理由成功拐骗小孩的可能性越来越小。因此，犯罪分子便不得不换着花样来实施犯罪，其中一种新颖的犯罪形式就是在孩子的饮料或食物里下迷药，将孩子迷昏之后再实施犯罪。这种犯罪行为对女孩的危害更大，因为女孩一旦被迷药迷昏就可能遭受到严重的身心伤害，因此作为女孩更要警惕陌生人递过来的饮料或食物，千万不要让犯罪分子得逞。女儿，我们一起来看看下面这个案例吧。

一天，12岁的小娟和她的同学小丽约好在学校门口见面。小丽先到学校门口，她于是便蹲在学校门口的台阶上等小娟。就在此时，有3名年轻男子走到她的身边，建议小丽跟他们一起出去玩。小丽说自己正在等朋友过来，于是委婉拒

绝了3名男子的请求。过了一会儿，小丽的爸爸恰巧路过学校门口，便将小丽带回了家。10分钟后小娟终于赶到了学校门口，她没有看见小丽的身影，正准备走开时，3名男子又走过来对她说："你是在等你的朋友小娟吗？她在KTV等你，让我们带你一起过去。"听到对方提起自己朋友的名字，本来心存疑惑的小娟便放下了戒备，坐上了3名男子的摩托车，准备去KTV找朋友小丽。在路上，一名男子递给了小娟一瓶雪碧，小娟想也没想便喝了下去，很快小娟便觉得手脚无力，最后竟不省人事。次日早上，等她醒来时，才发现自己躺在宾馆床上，而旁边躺着的正是递给她雪碧的陌生男子。事后警方通过调查得知，陌生男子早已在小娟喝下的雪碧里下了迷药。

女儿，你现在知道喝陌生人给的饮料有多么可怕了吧！一旦饮料里掺杂了迷药，你就会完全失去意识，成为一只待宰的羔羊。案例中的小娟不应该在不认识对方的前提下就贸然跟陌生人去KTV找朋友，更不应该随随便便接受对方递过来的饮料。女儿，类似的案件经常在我们身边发生，你一定要提高警惕，千万别对陌生人递过来的饮料掉以轻心。为了避免遇到这样的危险，你应该注意以下几个方面。

1.外出时尽量喝瓶装矿泉水

女孩外出与人吃饭时，最好选择瓶装的矿泉水。因为矿泉水的味道非常清淡，万一水里被人下了迷药，也很容易被发现。而如果选择了汽水、果汁或者含有酒精的饮料，即便有人往里面掺杂了迷药，也会被轻易掩盖掉味道，不容易被发现。

2.尽量喝有密封盖的饮料

女儿，外出吃饭时，你最好选择带有密封盖的饮料，而且最好亲自打开，不要寻求他人帮助。如果对方递给你的饮料没有密封盖，那么你可以找个理由委婉拒绝那瓶饮料，比如你可以说"我今天身体不太舒服，想喝点儿热水，谢谢。"

3.中途离开后返回时，最好将杯里的水重新换掉

如果你在吃饭中途需要去卫生间，而此时水杯中的水又没有喝完，那么你在返回时最好把杯里的水倒掉，重新给自己倒一杯。现实生活中很多坏人往往都是趁女孩中途离开时，借机向对方的水杯中倒迷药。面对防不胜防的坏人，你一定要多留几个心眼儿。

4.发现情况不对，应及时打电话给爸爸妈妈

女儿，如果你在与人外出吃饭时发现自己有任何不适症状，一定要在第一时间给爸爸妈妈打电话求助，并告知自己的具体吃饭地点，千万不要犹豫不决。如果情况紧急，来不及告诉爸爸妈妈，那么你可以起身向饭店的工作人员求助，请求对方帮忙拨打父母电话或者报警电话。如果与你一起吃饭的异性提出送你回家，千万不要接受他的帮助，一定要待在原地等待父母过来。

女儿，除此之外，妈妈还想给你提供一个小建议，那就是从现在开始不妨养成自带水杯的良好习惯。无论你是独自外出还是与其他人外出，都可以随时随地用自己的水杯接水或喝饮料，这样可以在很大程度上避免被人下药。

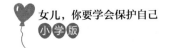
不要随便接受陌生人的钱物

女儿，你小的时候并不知道金钱是从哪里来的，以为爸爸妈妈是神奇的魔术师，你想要什么样的礼物，爸爸妈妈就会在你生日时送给你什么样的礼物。后来等你长大了，妈妈慢慢告诉你，家里的每一分钱都是通过爸爸妈妈的辛苦劳动得到的，没有付出就不会有这些回报，于是你渐渐懂得了每一分钱背后所付出的辛苦劳动。同样的道理，别人的金钱也是通过自己的辛苦劳动获得的，没有一个人会无缘无故地把他辛苦挣来的钱送给你。如果有一天突然有陌生人愿意送你钱物，那么你一定要好好想一想，对方究竟想从你这儿得到些什么。

妈妈想直截了当地告诉你，作为一个上小学的女孩，要钱没钱，要力没力，陌生人却愿意给你财物，这是为什么呢？因为他们想要得到的无非就是你纯洁的身体，而这恰恰是你最宝贵的东西。

对一个女孩而言最重要的东西，一个是生命，另一个则是身体，这两样东西无论用多少金钱都不能买走。在现实生活中，因为安全意识和性教育的缺失，很多女孩仅仅因为几十块的零花钱，就被坏人骗走了自己最宝贵的东西。下面我们一起来看一个案例吧。

由于父母平时忙生意，年仅8岁的女孩陈某大多数时间都是独自在家玩耍，殊不知租住在他们附近的许某已经悄悄盯上了她。许某趁着陈某父母不在，经常给陈某买零食，给她塞零花钱，慢慢地，他便取得了女孩的信任。后来许某胆子越来越大，竟然把女孩引诱到宾馆里，先后4次对小女孩进行了猥亵。不仅如此，丧心病狂的许某还利用小女孩的懵懂无知，让女孩介绍其他女同学给他，这些女孩在零食和零花钱的诱惑下，纷纷被徐某猥亵或性侵。

女儿，对一个女孩而言，她的隐私部位是非常隐秘的，不可以给妈妈之外的任何人看。如果案例中的这些小女孩能早早知道这个道理，那么她们也许不会为了一些零花钱或零食，就被许某猥亵或侵犯。这个案例还告诉你，陌生人绝对不会出于好心就向你赠送钱物，总有一天，他会想尽办法从你这儿得到回报。因此，为了避免被坏人伤害，从一开始你就坚决不要接受任何陌生人给你的财物，一旦接受了对方的财物，等待你的将可能是无法挽回的后果。

作为一个女孩，生活中要注意方方面面的细节，千万不要养成贪图别人财物的坏习惯。万一遇到别人的金钱诱惑，也一定要保持理智，知道自己的什么东西是最宝贵的。为了确保你的安全，你还应该在日常生活中注意以下几个方面。

1.不要随便接受男孩送的贵重礼物

同学之间正常的礼尚往来是可以的，彼此在对方生日时送一些精心挑选的小礼物也无可厚非。但是如果你发现对方对你有好感，而且对方送的礼物已经超过了正常同学之间的情谊，那么你一定要将礼物退还给对方，不要让对方觉得你的态度暧昧不清。在有些男生的心里，你一旦接受了他的礼物，就表明答应了他的追求，如果你没有这样的想法，那么请推掉礼物，然后坚定地拒绝对方。

2.身体是女孩除了生命之外最宝贵的东西

女儿，每个女孩都是父母精心呵护的宝贝。对于女孩而言，除了生命之外，身体就是你们最宝贵的东西，隐私部位不仅不能给别人看，更不能让别人

触碰。如果有陌生人提出以零花钱或零食作为条件，触碰你的身体，千万不要答应他的要求，因为这是你最宝贵的东西，用多少金钱都换不了。

3.如果有陌生人给你财物，请及时告诉父母

女儿，如果有一天，你发现身边有陌生人在想尽办法接近你、讨好你，甚至主动提出给你财物，那么你一定要把这些事情告诉爸爸妈妈，无论对方是陌生异性，还是你身边的异性亲戚、朋友或者老师，你都不应放松警惕。要知道现实生活中很多猥亵事件的发生，加害者都是女孩身边熟悉的亲朋好友，一旦你觉察到对方的异常举动，无论他的身份是什么，都应及时告诉爸爸妈妈。

4.千万不要答应对方去宾馆的要求

任何时候，都不要跟随陌生人去宾馆，哪怕对方向你保证只是谈事情而已，都不要答应他的要求。很多性侵案件都发生在宾馆或者酒店，因为在这种地方，一旦你受到侵犯，即使大声呼救，也很难有人赶过来救你。同样，在未经爸爸妈妈的允许下，最好不要跟随任何异性回家，如果单独和异性待在一个房间，谁都无法保证你接下来是否会遭遇伤害。

总而言之，女儿，你要记住，天下没有无缘无故的给予，尤其是陌生人之间。他给予你一些东西，必然想要从你这儿得到其他一些东西。为了避免自己受到伤害，从现在开始，你一定要养成不贪图陌生人财物的好习惯。

当心坏人，也要当心"带着善意出现的好人"

女儿，生活中，一个人是好人还是坏人，并没有写在脸上。很多时候他们都会把自己好好伪装一下，让他们看上去不那么坏。而且这种伪装，很多时候都是以善意的形式出现的，比如他们会假装带你买好吃的，假装带你出去玩。因此，你以后不仅要当心那些看起来非常明显的坏人，还要当心"带着善意出现的好人"，而且由于"带着善意出现的好人"往往都戴着狡猾的面具，很难分辨，你尤其要多加注意。

如果有一天，突然有陌生人主动提出带你出去玩，你会怎么做？是毫无防备地跟着对方一起出去玩呢，还是会义正词严地拒绝他？妈妈想要提醒你一句，生活中除了父母至亲之外，很少有人会无缘无故地对你进行细致入微的关切，渴了饿了立即给你买食物，想出去玩了就想尽办法满足你。如果突然有陌生人对你无事献殷勤，那么你就要提高警惕，想想对方这么做的动机是什么。那些"带着善意出现的好人"，是真的那么好吗？你不妨和妈妈一起看看下面的这个案例吧。

2019年6月，江苏一名9岁女童被妈妈的朋友周某以"带去上海迪士尼乐园玩耍"的名义骗到上海。到达上海之后，周某将女童带到上海某五星级酒店，将其

交给了57岁的男子王某某，随后王某某在酒店内对9岁女童进行了猥亵。后来，女童在绝望之际向妈妈哭诉，她的妈妈震惊不已，立即赶到上海报警。女童妈妈怎么也料想不到，自己所谓的"朋友"竟然会为了1万块钱，处心积虑地设置陷阱，假装好心带自己的女儿去上海迪士尼乐园游玩，却把自己的女儿送进了虎口。9岁女童原本以为自己可以跟着妈妈的朋友开开心心地去迪士尼乐园玩一圈，结果却没想到等待自己的竟是一场噩梦。

女儿，这个案件有多么可怕，即使是身边所谓的"朋友"或"老熟人"也有可能是披着羊皮的大灰狼。他们可能会假装好心好意带你去做一件事情，结果却趁你不备将你推入火坑。这种假装好心出现在你身边的"好人"，远比真正的坏人要可怕，所以这个案例告诉你，表面上积极主动帮助你的人并不一定就是好人，当他主动过来对你献殷勤时，你就应该有所防备了。

女儿，你要时刻记住，无事跑来对你献殷勤的人，往往目的不纯。在日常的生活中，你要擦亮眼睛，仔细分辨站在你面前的人究竟是好人还是坏人，妈妈建议，你不妨从以下几方面多加考量。

1.小心提防主动讨好你的陌生人

在日常生活中，你要小心提防那些主动跑来对你献殷勤的陌生人，他们与你非亲非故，却愿意降低姿态来找你，这样的人，并非真的善良热情，而是很有可能对你有所企图。当你孤身一人走在路上时，如果有陌生人主动跟你搭讪，想带你出去玩，或者与你一起吃夜宵，那么这个人八成是个居心不良的坏人，你要坚决拒绝他的邀请，千万不要被他表面上的善意所欺骗。

2.朋友之间，也应坚持"无功不受禄"的原则

即使是亲朋好友之间，也不要贪图对方给你的好处，"无功不受禄"的原则时时刻刻都应坚守。案例中的女童，她妈妈和周某之间并无任何利益往来，周某却愿意主动提出带她去上海迪士尼乐园游玩，如果她的妈妈能够坚持"无功不受禄"的原则，不随便贪图对方提供的免费好处，那么后来也不会发生那

么可怕的事情。女儿，你要以此为戒，在日常生活中不要贪图朋友给你的免费好处。拿人家的手短，吃人家的嘴短，你不想受制于人，就不要随便贪图别人给的"贿赂"。

3.在路上遇到危险，最好向父母或警察求助

在路上遇到危险时，你首先应该求助的对象是父母或者警察叔叔。如果你没有携带手机，不方便拨打父母手机或报警电话时，应该请求身边的叔叔阿姨帮忙拨打。在这种情况下，如果有人主动提出开车送你或者带你去某个地方，你应该委婉拒绝对方的好意，以免上当受骗。当然这些主动帮助你的人里不乏好心的叔叔阿姨，但是不可否认的是，万一碰到一个假装好心的坏人，那么等待你的将是无法想象的可怕后果。因此为了避免任何可能出现的危险，你最好还是选择向父母或警察叔叔求助。

4.你要提防穿着警服的"假警察"

在现实生活中，人们一般都会不由自主地选择相信警察，因为警察代表着正义。然而一些不法分子正是利用了人们的这种崇警心理，于是穿着假警服，把自己扮演成警察的模样，借着警察的身份去干各种各样的坏事。你应该学会如何分辨真假警察，一般而言，警服上面必须有警衔、警号、胸徽、臂章4种警用标志，任何一个标志不符合警察配置，都说明着装的人不是真正的警察。另外，每个警察都会随身携带人民警察证，在必要的时候，你可以让对方出示警察证。当然你在日常生活中应该及时了解警服标志及警察证的真伪辨别方法，只有掌握了这些细节，才能在必要的时刻派上用场。

女儿，真正的坏人并不是最可怕的，因为你很容易识别他是坏人，然后及时走开。最怕的就是遇到"带着善意出现的好人"，因为他们的言行举止处处都带着伪装，反而让我们很难分辨他们的真实身份，我们更容易上当受骗。所以，女儿，你在日常的生活中要当心坏人，更要当心那些"带着善意出现的好人"。

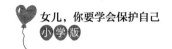
乘坐电梯时要注意什么

女儿，如果你仔细观察一下，就会发现电梯在我们的生活中随处可见。平时外出时，你会坐电梯上上下下，非常便利；周末去商场玩耍时，随处都可以看到穿梭在各个楼层之间的扶梯。可以说，现在的我们已经无法想象没有电梯的生活将会有多么不方便。然而随着电梯的数量越来越多，因乘坐电梯所导致的各种危险也是层出不穷，所以学会安全乘坐电梯已经成为每个孩子的必修课。

以前在一个地铁站就发生过这样惊险的一幕：一个只有七八岁大的小女孩独自推着一辆载着婴儿的婴儿车登上了一台下行的自动扶梯，可是一眨眼的工夫，婴儿车因前轮腾空，带着小女孩一起向前翻转跌落到地面平台。等到大人过来扶起她时，才发现女孩已经摔伤，婴儿车里的婴儿也出现了擦伤，幸好两个孩子都无大碍，这真是不幸中的万幸。

每年我国都会出现一些因为乘坐电梯而导致的人身伤亡事件，其中很多伤者都是因为没有正确乘坐电梯而摔伤的儿童。所以，女儿，妈妈希望你从现在开始能够了解一些安全乘坐电梯的细则，以确保你的乘梯安全。

除了必须了解的电梯乘坐安全细则之外，作为女孩，你还要关注那些有可能发生在电梯里面的猥亵事件，下面就和妈妈一起来看一个案例吧。

2019年7月，广东佛山一名六七岁的小女孩走进了电梯，与她一起进入电梯的是一个身穿橙色上衣的外卖员。进入电梯后，小女孩紧靠在电梯角落，可是等电梯门再次打开的时候，这名外卖员突然蹲下来把小女孩抱了起来。尽管小女孩紧抓着电梯内的扶手不放，但终究还是抵不过男子的力量，最终被男子强行抱走。当时外卖员抱着小女孩从楼梯离开，径直跑向了一楼，小女孩因为受到惊吓，直到被抱到一楼之后，才敢放声大哭。女孩的哭声引来了保安的注意，该男子随后被保安拦了下来，并被警方带走。警方随后通过调查得知，该外卖员今年19岁，抱走女孩的目的是想实施猥亵。

女儿，你一定很难想象，在电梯里竟然会发生这么可怕的事情。作为一个女孩，与异性单独乘坐电梯时，随时都有可能发生像案例中的猥亵事件。因此妈妈建议你，在乘坐电梯时除了了解必要的安全细则之外，还应该对电梯里的乘客有所防范，以免遭遇到意外伤害。妈妈建议你在乘坐电梯时，掌握以下安全常识。

1.乘坐电梯前，查看电梯是否安全运行

女儿，你在乘坐电梯之前，一定要仔细查看电梯周围是否有"正在检修"之类的警示牌，如果有的话，表明电梯正处于异常状况之中，千万不要乘坐电梯，否则可能会出现危险。在现实生活中，扶梯"吃人"，电梯"吞人"的事件时有发生，如果乘梯人在乘坐电梯之前能够察觉到电梯的异常状况，选择步梯出行，那么就可以避免这样的惨剧发生。

2.要认识扶梯两端的红色紧急停止按钮

一般在扶梯两端都会有一个红色的圆形按钮，这个按钮是紧急停止按钮，一旦乘梯人出现危险时，按下这个紧急停止按钮，电梯就会停止运行，避免造成更大的危害。女儿，你一定要认识这两个红色紧急停止按钮，一旦在乘坐电梯时遇到突发情况或者看到有其他行人出现危险情况时，都可以按下这个按钮，让电梯停止运行。

3.电梯门即将关闭时，不要强行往里冲

如果在外出时遇到电梯门马上要关闭的情况，不要强行扒开电梯往里冲，更不要让自己的一只脚踏在电梯内部，另一只脚留在电梯外部，否则电梯一旦开始运行，会把你的身体夹伤。

4.遇到危险可以按下紧急按钮求助

在乘坐电梯时，如果遇到危险可以及时按下紧急按钮求助，这种应急按钮是为了应付意外情况而设置的，可以让外界知道你被困于电梯内的消息。如果电梯在运行的过程中出现急剧下坠的情况，不要慌乱，而应该按下所有楼层的按钮，以便能够在电力恢复时及时让电梯做出反应，停在相应楼层。遇到这种情况时，切记千万不要高高跳起，而应该采取"弯腿、背部头部靠墙、双手抱头"的姿势，防止身体在下坠过程中造成严重的伤害。

5.最好不要单独与异性同时乘坐电梯

女儿，如果你在独自乘坐电梯时，发现电梯内只有一个异性，那么在这种情况下，你应该假装有事，及时从电梯里退出来，等待下一趟电梯。如果你先进入电梯，有另外一个异性紧随你进入，那么你应该找最近的楼层出来，尽量避免与异性单独待在电梯里。这两种办法都行不通的情况下，你可以拿起电话和父母保持通话，让父母到电梯口接你。

女儿，现在的你明白乘坐电梯并没有想象中那么简单了吧，乘坐电梯不仅需要注意方方面面的安全细则，还需要提高警惕，防范陌生人在电梯里伤害你。

独自在家，不要随便给陌生人开门

女儿，你现在已经上小学了，有时候爸爸妈妈外出有事或者工作忙的时候，有可能会让你独自在家。现在的你已经知道不能乱动水电，不能攀爬窗户，可以好好地保护自己了。然而有一件事情，你总是容易疏忽大意，那就是当你独自在家的时候，听到敲门声后就会下意识地跑去开门。

现在，随着网购和快递行业的发展，可能经常会有快递员叔叔来给我们送东西。这一方面方便了我们的生活，但同时也给我们带来了很大的安全隐患，因为这很容易让一些不法分子趁机混进居民楼，进行违法犯罪活动。下面我们一起来看一个案例吧。

2012年10月的一天，8岁的小新独自回到家中，发现家里没人，便独自坐在客厅中看电视。过了一会儿，门外有人敲门，一个陌生的叔叔在门外喊："我是你妈妈的朋友，开一下门好吗？"小新没有多想，很快打开了房门。可是男子走进小新家之后并没有多待，而是出门在小新家门口的小巷里来回走了两趟，确认周围没有人后又再次进入了小新家里。该男子进入小新家之后，便对9岁的小新实施了猥亵。之后，该男子快速离开小新家，小新这才敢哭喊着跑出家门，邻居们发现后，便迅速报了警。

事后警方调查得知，在小新回家的路上，该男子就一直尾随在小新身后。他在小新家门口徘徊了一会儿，确认只有小新独自在家之后，便尝试敲门，还谎称自己是小新妈妈的朋友，没想到，毫无防备意识的小新很快就打开了房门。

女儿，案例中的小新随便给陌生人打开了房门，结果引狼入室，让自己遭到了侵害。所以，女儿你要记住，独自在家时，无论遇到任何人来敲门，都不应该随便打开房门。即使门外的人说自己是爸爸妈妈的朋友，或者是来家里送快递的叔叔，你都不应该相信对方的话。

女儿，当你独自在家时，万一遇到有陌生人来敲门，你不妨尝试一下下面的这些办法。

1.如果是父母的朋友来访，应向爸爸妈妈核实

当你独自在家时，如果门外有自称是爸爸妈妈好朋友的人来访，这种情况下你先不要打开房门，而是应该拿出手机给爸爸妈妈打个电话，核实一下是否有叔叔阿姨要来家里拜访。如果不是的话，千万不要打开房门，因为门外的人极有可能是个骗子。如果真的有朋友来访的话，要跟爸爸妈妈再次确认对方的年龄、性别及来访时间，仔细核对好这些信息之后，才能打开房门。

2.如果有快递员叔叔敲门，请叔叔把快递放在门口即可

当你独自在家时，如果有快递员叔叔来敲门，这个时候你也不要打开房门，而应该先走到阳台，看一眼楼下是否有送快递的电动车。如果有的话，说明门外的叔叔很有可能就是来家里送快递的。不过这种情况下，你也不应打开房门，而是应该跟叔叔商量一下，看能否把快递放在家门口。另外，现在小区门口有存放快递的柜子，你也可以请叔叔暂时把家里的快递放在快递柜里保存，等爸爸妈妈回家之后再取回来。

3.遇到上门推销东西的人员，一概不要开门

现在经常会有一些上门推销产品的工作人员，因为他们的身份比较复杂，很难辨别真假，所以在这种情况下，无论他们上门推销何种产品，你一概都不

要打开房门。即便打开房门让他们进来，年幼的你也没有足够的金钱去购买这些产品，也不能辨别产品的真假优劣，而且还有可能让居心不良的坏人混进家门，给你带来危险，与其这样，还不如从一开始就拒绝他们进来。

4.即使父母在家，你也不该独自打开房门

有的时候尽管父母在家，可是由于他们在书房或者厨房忙碌，没能注意到门口的敲门声。在这种情况下，你也不能独自打开房门，因为你这么做，很可能会把门外的坏人放进来。遇到这种情况，你应该大声告知父母，让父母过来开门，否则万一门外的坏人携带凶器等危险物品进来，可能会直接对你造成伤害，爸爸妈妈也有可能因为没能来得及做好防备，同样遭到陌生人的侵害。因此，即使父母在家，你在开门之前也要告知父母，千万不要擅自打开房门。

女儿，总而言之，你独自在家时，家门是保护你的最后一道屏障，轻易不能打开。如果你疏忽大意，随随便便就放陌生人进来，很容易让你陷入危险之中。因此，为了你的安全着想，妈妈建议你无论如何都不要独自打开房门，让自己暴露在坏人面前。

第五章

别把同学间的友谊当爱情

　　女儿，同学之间的友谊对于身处校园的你而言，是一份难能可贵的珍贵感情。但是，你在维系友情的时候，一定要注意把握好友谊和爱情之间的界限，千万不要让珍贵的友谊变了味儿。妈妈知道，这两者之间的界限很难把握，但妈妈还是希望通过这一章的建议，让你能够保有一份珍贵的友谊。

与男生交往要把握分寸，保持距离

女儿，在上小学之前，你和男生一起跑跑跳跳、打打闹闹，大家都只会当你们是天真无邪的小孩。可是一旦进入小学，你就再也不能像从前那样无所顾忌地和男生玩闹了，而应和他们保持适当的距离。

你走在放学回家的路上，经常会碰到和你一样在上小学的哥哥姐姐们，你会发现他们经常都是女孩和女孩走在一起，男孩和男孩走在一起，男女生之间好像存在一条隐形分界线，将大家各自隔开。其实上小学之后，并没有家长和老师要求他们分开行动，那么，他们为什么这样做呢？这是因为，在他们心里已经有了基本的性别意识，知道男孩和女孩在交往中应该保持适当的距离，不宜过分亲密。因此，在你进入小学之后，妈妈并不会干涉你和男生正常交往，但你在交往中要和对方保持合适的距离，千万不要让对方对这段友谊产生误会。我们不妨一起来看看下面这个案例吧。

11岁的小萌今年正好上小学五年级，她的性格特别活泼开朗，无论男孩女孩都非常喜欢和小萌一起玩耍。小萌班里有个男孩叫鹏鹏，他性格内向，经常一个人独来独往。同学们都说鹏鹏的爸爸妈妈离婚后，各自组成了新的家庭，又有了各自的孩子，所以鹏鹏再也不能像从前那样享受爸爸妈妈的疼爱了。小萌知道了鹏鹏的事情以后非常心疼，决定在课余时间多找鹏鹏聊天玩耍，帮助鹏鹏尽快走出家庭的阴影。上体育课时小萌主动申请和鹏鹏组成一组玩跳绳；外出郊游时，小萌也会准备两份零食，一份留给自己，一份送给鹏鹏。时间久了，鹏鹏脸上的笑容越来越多了，大家都说鹏鹏现在像换了一个人。

可是，随着小萌和鹏鹏走得越来越近之后，班里开始传出了关于他俩的闲话，大家都在背后开玩笑说小萌和鹏鹏谈恋爱了。原本活泼外向的小萌，听了这样的闲话之后变得非常苦恼，每次鹏鹏走过来找她一起出去跳绳时，小萌都只好找理由拒绝。

女儿，随着日渐长大，你也会遇到像小萌这样的烦恼。作为旁观者来看，小萌原本只是出于热心才主动接近鹏鹏，想拉着鹏鹏一起走出情绪的低谷。可是随着两人走得越来越近，关于他们早恋的流言蜚语也日渐多了起来。这种流言蜚语对一个刚上小学的女孩而言，无异于一种沉重的精神包袱。案例中的小萌处理这类问题的方法并不妥当，她所采取的方式就是逃避。可是这种逃避的方式，一方面会让鹏鹏产生极大的愧疚心理，另一方面也会证实她和鹏鹏交往的流言，并不能很好地解决问题。

女儿，为了避免你在今后的成长过程中遇到类似的困扰，妈妈在这里想跟你提几个和异性相处的建议，也许这些建议能让你学会更加自然、平和地和异性相处。

1.热心助人也要讲究方法

同学之间互帮互助是一件很正常的事情，但是在互帮互助时，一定要讲究方法，千万不要让一件好事变成了坏事。如果你碰到班里的男生遇到困难，这个时候你可以联合其他的同学一起想办法来帮助他，最好不要单独行动。人多力量大，选择和其他同学一起来帮助对方，不仅可以让问题更快、更有效地得到解决，还可以让你避免陷入早恋的流言蜚语之中。

2.和异性相处应自然大方

在和男生相处时，你应该保持自然大方的态度，千万不要扭扭捏捏。同学情谊越是自然，越容易让彼此感到舒适，你一旦扭扭捏捏的话，反而更容易让对方感觉到你的异样，甚至会让对方产生误解，以为你喜欢上了他。因此，为了避免这样的误会，你在和男生相处时，应该用自然平和的语气跟对方交流，注视对方的眼神也应该大方淡定，千万不要躲闪慌乱，以免令对方误会。

3.面对流言蜚语，躲避不是最好的解决办法

如果你和男生交往时没有把握好合适的尺度，结果让其他同学产生了误解，那么在这种情况下，躲避并不是最好的解决办法，因为你躲避的态度反而会让大家以为你真的陷入了恋爱之中。在此情况下，正确的做法应该是反思自己的言行举止，在今后的交往中注意分寸，保持距离。时间久了大家看不到你们之间有什么越界的举动，自然也就不会再传播流言蜚语了。

4.对方一旦产生误会，要及时予以澄清

如果你和男生交往的过程中，不小心让对方产生了误会，以为你喜欢上了他，那么在这种情况下，你应该主动跟对方进行一次开诚布公的沟通，向对方解释清楚自己的态度，并且就自己的不当言行向对方表示歉意。在今后的交往中，你要更加注意自己的言行举止，避免再让对方产生误解。误会一旦产生，只有及时澄清才能予以消除，千万不要保持沉默，那只会让对方坚定自己的误解，以为你喜欢上了他，这种误解对一段纯洁的友谊而言伤害更大。

女儿，进入小学之后，千万不能再像上幼儿园时那样和男孩亲密无间地交往了。为了避免你受到流言蜚语的困扰，妈妈建议你要时刻注意自己的言行举止，在与男生交往时一定要把握分寸，保持距离，这既是对自己的一种尊重，也是对自己的一种保护。

尽量不要与男同学单独相处

　　女儿，你有没有发现，自从你上了小学之后，妈妈对你和男同学之间的交往就变得格外紧张起来。即便是你很熟悉的男同学来家里找你玩，妈妈也会提前叮嘱你俩尽量待在客厅，绝对不能跑到卧室或书房关上门玩耍。妈妈这么做，是因为你已经到了一个需要与男同学保持合理界限的年纪。随着你们慢慢长大，男孩和女孩的生理特征会表现得越来越明显，无论是男孩还是女孩，都应该有一定的隐私意识，避免因单独相处而引发不必要的误会。

　　你有没有发现现在的你，性别意识也有了一定的提高，即便在自己的家里，你也懂得和爸爸保持一定的距离，无论是洗漱还是上厕所，都会关起门来进行，不会再像从前那样无所顾忌了。与最亲近的爸爸尚且需要保持适当的距离，那么与学校的男同学就更应该多加注意了。妈妈建议你在日常交往中，尽量不要与男同学单独相处，以免引发不必要的误会。否则，流言蜚语将会对你幼小的心灵造成一定的伤害，接下来，我们先来看看下面这个案例吧。

　　10岁的小静正读小学四年级，她还是班里的班长。自从当了班长之后，小静对班级里的事情非常认真负责，无论哪个同学遇到困难，小静都会积极地提供帮助。小涛是班里的文体委员，经常会私下找小静交流一下班级里的情况，他们交

流的地方有时候是在班级走廊，有时候是在学校操场。可是时间久了，班里的同学就开始起哄，说小静现在成了早恋的"绯闻女主角"，有的同学还添油加醋地说，小静和小涛甚至在操场上已经拉起了小手。

听到这些传言，小静感觉无比委屈，自己每次和小涛交流的内容都仅限于班级的内部活动，绝对没有涉及其他无关内容，而且她和小涛无论在走廊或操场交谈时都保持着一定的距离，绝对没有出现过拉手这样的情况。可是无论小静如何解释，大家依然喜欢在背后讨论她和小涛交往的事情。小静说作为班长，以后难免还会出现和其他男同学正常交往的事情，接下来自己都不知道该如何做才好。

女儿，小静之所以会出现这样的困扰，不是因为她和小涛做了什么不好的事情，而是因为她和小涛在沟通交流的时候，没有选择正确的时间、地点，从而让大家产生了误会。当然，班级里的同学喜欢添油加醋，胡乱议论同学这样的行为非常不好，容易给同学造成很大的精神困扰，妈妈也希望你能引以为戒，以后不要在背后随意议论同学。不过，从另外一个角度而言，小静也应该反思自己的行为，她和涛涛交流班级工作没错，但是不应该选择走廊或操场这些比较独立的空间，而应该在教室里大大方方地当着其他同学的面交流沟通，这样就很难被其他同学抓住"把柄"。

女儿，妈妈建议你今后在与其他男生交流时，也要注意选择在公开的场所进行，千万不要与男生单独相处，以免引起其他同学的猜测和误解。除此之外，妈妈还想给你提供几条与男生正确交往的建议，希望你能采纳。

1.用公开交往来回击流言蜚语

如果班里有人传播你和某位男生早恋的流言蜚语，此时你正确的做法不是苦恼逃避，而是应该胸怀坦荡、心无杂念地继续与该男生正常地交往。你越逃避越说明心里有鬼，这反而会让流言蜚语变得肆无忌惮。因此，你应该把交往放在公开场合进行，让大家看到你们的友谊是非常正常、健康的，你们的交往越公开、自然，那些喜欢嘲笑别人的同学就越会无地自容。

2.你要尽可能扩大你的朋友圈

女儿，如果有一天，大家对于你和某位男同学的关系有了一些非议，那么你正确的做法是尽可能地扩大你的朋友圈。你的朋友圈里不仅有要好的男同学，还应该有许多要好的女同学，让大家看看，你不仅能和异性朋友搞好关系，也能和同性朋友搞好关系，时间久了，有关你和男生的流言蜚语就会自动消失。

3.避免和男生单独相处，也是对自己的一种保护

进入小学之后，男孩和女孩的身体都会开始发育，因此大家都应该保护好自己的身体隐私。当然，这一点对女孩来说尤为重要。作为一个女孩，任何时候都不应该让男生抚摸、触碰自己的隐私部位。因此，你要避免和男生单独相处，以免在封闭的空间内遭到男孩的侵犯，从人身安全的角度来考虑这样做也是非常有必要的。

综上，女儿，妈妈希望你能注意自己的言行举止，在日常交往中，切记不要跟男生单独相处，以免引发有关"早恋"的流言蜚语，从而让自己背负巨大的精神压力。在日常交往中，你应该努力扩大自己的朋友圈，和所有同学都和谐相处，避免成为"众矢之的"。

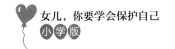

与男同学相处时言谈举止不随便、不轻浮

有一天周末，妈妈和你走在路边，看到前面有一对穿着小学校服的男生和女生走在一起。女生将左臂环抱在男生肩头，边走边贴着男生的耳朵说一些悄悄话。他们两个当时都在哈哈大笑，丝毫没有意识到自己的言行举止有什么不恰当的地方。当时身旁走过的行人，都假装无意地扫视着他们，很多人大概都会在猜测：这么小的孩子就开始谈恋爱了吗？

妈妈当时问你，看到这样的情形有什么感触？你哈哈大笑着看着妈妈，说了这样一句话："这有什么好大惊小怪的，说不定人家只是好朋友而已呢。"女儿，听到你这样的回答，妈妈有一丝欣慰，觉得你能够设身处地地为他人着想，以后应该不会在背后随便议论同学。但同时妈妈心里也有一些担忧，害怕你在男同学面前不能很好地把握自己的言行举止，有朝一日会被别人误认为你是一个举止随便的女孩。

妈妈的这种担心，并不是空穴来风，下面这个案例就是一个很好的例证。

12岁的琳琳性格非常豪爽、直率，平时还有点儿"小花痴"，有时候走在校园遇到长得帅气的男孩子，琳琳就会毫不犹豫地走到对方跟前，大声地夸赞一句"你好帅哦！"旁边的女生听到琳琳这么说，全都捂着嘴笑着跑开了，只有琳琳觉得没什么大不了的，"人家长得帅嘛，夸一夸有什么了不起的！"琳琳觉得自己的这种性格特别直爽，有的时候碰到自己喜欢的男孩，琳琳还会直接走到对方面前直接表白："我很喜欢你哦！"时间久了，很多学生都在背后议论纷纷，说琳琳是一个举止轻浮、随便的女孩，女生们甚至自发地和琳琳之间形成了一条分界线，不想和琳琳成为朋友，就连男生们也自发地远离了琳琳，哪怕琳琳多看自己一眼，男生们也会迅速跑开。

女儿，琳琳的这种言行举止其实并没有对别人造成多大的伤害，她觉得喜欢了就去追求，动心了就去表白，是一件非常酷的事情。但是在别人的眼里，琳琳自以为很酷的行为却变成了轻浮、随便的代名词，使得女生们不愿意和琳琳成为好朋友，男生们也不愿意直面琳琳的表白。琳琳这种随便、轻浮的言行举止，在小学校园里也许不会为自己带来多大伤害，但倘若她任由自己这么放纵下去，将来可能会给自己招致一些危险。

女儿，妈妈希望你从现在开始能注重自己的言行举止，作为一个女孩，应该自尊自爱、积极向上，不断地充实自我，让自己成长为一个健康快乐的女孩。与男同学交往时，尽量大方自然，而不应举止随便、轻浮，给人留下不好的印象。你要知道，有时自以为很酷的行为，在别人的眼里却非常幼稚、荒诞。

作为一个女孩，在与男生交往时，应该注意以下几个方面。

1.不要动不动就和男生说悄悄话

女生之间，有时凑在耳朵跟前说些悄悄话，是一种非常正常的行为。可是作为女孩，最好不要动不动就和男生交头接耳、说悄悄话，因为这样会让对方觉得你侵犯了他的"私人空间"，稍有不慎，还会让对方感觉紧张、焦虑。这种行为并不会增进你和同学之间的情谊，相反还有可能会让对方对你产生反感，不知不觉地远离你。

2.不要和男同学勾肩搭背、搂搂抱抱

和男同学勾肩搭背、搂搂抱抱，并不是一种表达同学情谊的正确方式，相

反会让人觉得你非常随便、轻浮。作为一个女孩，遇到再谈得来的男同学，也应该在日常交往时注意自己的言行举止，勾肩搭背、搂搂抱抱很容易让别人产生误解，以为你们在谈恋爱。因此，正确的交往方式是和男同学并肩而行，两人应保持半米以上的距离。

3.不要让自己变成"花痴"女孩

作为女生，在校园里难免会碰到自己觉得很帅的男生，甚至有时候还会对某个男生产生心动的感觉，这都是非常自然的生理现象和心理活动，没必要大惊小怪。但是如果你动不动就把"你好帅呀""要不要一起吃个饭哪"那样的话语挂在嘴边，就会让人感觉你是一个没有内涵、思想幼稚、举止轻浮的女孩。因此，为了避免给大家留下这样的印象，千万不要让自己变成"花痴"女孩哦！

女儿，我们受教育的目的是为了让自己变得更成熟、端庄、高雅，而不是让自己变得更幼稚、轻浮、低俗，这些外在品质很多时候都是通过你的言行举止表现出来的，千万不要觉得这是一件微不足道的小事。从现在开始，你就要养成良好的行为习惯，在与异性相处时不轻浮、不随便，真正成为大家心目中端庄、大气的女孩。

不在男女同学或男女朋友家留宿

　　女儿，进入小学之后，你身边多了好几个谈得来的好朋友，你们几个经常相约去对方的家里玩游戏，有时候甚至还会在对方家里吃饭。对于这样的聚会，妈妈是很赞成的，并且我也非常乐意招待你的这些好朋友。但是，有一点你可能也发现了，无论你和同学之间的关系多么亲密，妈妈都不允许你在男女同学或男女朋友家里留宿。这是因为，妈妈担心你在同学或朋友家里会遇到一些无法预测的危险。

　　每次妈妈这么提醒你的时候，你总是表现出一副不以为意的样子，觉得在同学家留宿又不是什么大不了的事情，妈妈至于这么大惊小怪吗？现在你进入小学了，妈妈觉得是时候让你知晓一下女孩在外留宿到底会有哪些危险了。

　　如果你第一次提出想在同学家里留宿，妈妈答应了你的要求，那么接下来你可能就会有第二次、第三次……假如有一天，你并没有去同学家留宿，而是去了其他地方玩耍，比如去网吧通宵打游戏，或者和异性网友出去玩耍，也会顺其自然地撒谎说"妈妈，我今晚还要去同学家留宿"，那么妈妈就不能及时获知你的信息。如果你在网吧遇到危险，妈妈也不能及时赶过去救你。因此，为了避免你养成在外留宿的不良习惯，妈妈不如在你第一次提出去同学家里留宿的时候，就坚决地拒绝你的请求。

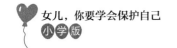

　　另外，还有一种情况，就是你去同学或朋友家里留宿，对方家里的家庭成员你了解吗？如果你决定在对方家里留宿的话，这就意味着那天晚上你将会与对方的所有家人共同度过一晚。女儿，你有没有想过这样一个问题，万一对方家里还有年长的哥哥，你留在那里和陌生的异性相处，确定安全吗？就算对方没有哥哥，她的爸爸也一定会在家里，跟这样一个陌生的叔叔待在一起，你觉得合适吗？妈妈之前曾经告诉过你，任何时候，都不要跟异性有单独共处的机会，如果你贸然去对方家里留宿的话，跟这些陌生的异性待在一起，接下来会发生什么糟糕的事情谁都无法保证。如果你不信的话就先来看看下面这个案例吧。

　　8岁的小花是个留守儿童，爸爸妈妈平时在外地打工，只有过年的时候才会回家陪陪小花。小花有个要好的同学，叫小美，小美的爸爸在家附近的工厂上班，每天都按时回家。小美爸爸特别疼小美，还用赚来的钱给小美买了一台电脑。小花非常羡慕幸福的小美，平时只要有空，小花就会过去找小美一起写作业，写完作业之后，两个小女孩就会在电脑上玩一会儿游戏。慢慢地，小花回家的时间越来越晚，后来在小美的提议下，干脆在她家留宿了。

　　刚开始，小花的奶奶不放心，经常过来把小花拉回家，但时间久了，她看孙女在小美家玩得挺开心，便不再说什么了。这样的情况持续了半年多，直到小花的爸爸妈妈回家过年，妈妈说："女孩别老去别人家留宿，给别人添麻烦，知道了吗？"小花听完，不耐烦地说道："谁稀罕去他们家！每次去，小美爸爸都要支开小美摸我，要不是为了和小美一起玩，我才不愿意去他们家呢！"爸爸妈妈听完女儿的抱怨，全都愣住了。

　　女儿，现在你知道在外留宿的危险了吧！即使你的同学或朋友和你是坦诚相待的知己，你也无法保证其家人会对你规规矩矩。案例中的小花从一开始就不应该去小美家里留宿，她和小美之间的友谊的确是纯真的，但是跟小美爸爸这样的异性共处一室，却遭遇了多次的猥亵。总而言之，对于你这样年纪的女孩而言，和任何异性共处一室，都是非常不安全的，这一点希望你能时刻记在心上。

如果有一天，你遇到突发的情况，比如下暴雨、刮大风这样的恶劣天气，迫不得已只能在同学或朋友家里留宿时，妈妈希望你能记住以下几点保护自己的安全小常识。

1.晚上睡觉一定要反锁房门

女儿，你在任何地方留宿，都要养成反锁房门的良好习惯，这是一个最基本的自我保护意识。如果对方家里的门锁坏了，你也应该在门口放置一个简易的警示装备，比如放一把小椅子或者一个小瓶子，半夜时分，一旦有外人进入你的房间，你听到动静后也好及时起身，查看情况。

2.晚上睡觉尽量穿着得当

女儿，你在别人家留宿时，一定要注意自己的穿着，千万不要穿着暴露的睡衣在房间外面晃来晃去。这是在别人家里，一旦被对方的哥哥或者爸爸看到，是非常不雅的行为。半夜起来上厕所时，同样不可疏忽大意，最好在睡衣外面披一件长袖的外套。

3.在外留宿，一定要征得父母的同意

女儿，你如果遇到特殊情况需要在外留宿，一定要提前征得父母的同意，并且要把同学或朋友家的小区地址告诉爸爸妈妈。一旦你在那里遇到了危险，要在第一时间拨打父母的电话。如果你有一天在外面受到了伤害，一定要及时告诉父母，千万不要因为对方的诱惑或威胁选择对父母隐瞒。要知道，这个时候保护你的人只有爸爸妈妈。

女儿，妈妈跟你说了这么多，无非是想让你知道女孩在外留宿有多么危险。妈妈希望你能把安全这根弦时刻紧绷起来，即使是面对最好的同学或朋友，也不要疏忽大意。

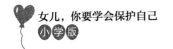

分清与异性之间的友情与爱情

英国诗人柯勒律治曾经说过："友谊是一棵可以庇荫的树。"女儿，妈妈希望你的生命中也能幸运地拥有这样一棵可以庇荫的树。拥有纯真友情的女孩，永远都不会孤单失落，因为在你孤单失落的时候，总会有一双热情的小手拉你走出阴霾。要知道，这棵可以庇荫的友情之树，并不仅限于女孩之间，有的时候，男孩和女孩之间也可以建立纯真无邪的友情。只是这种友情需要你格外注意它的范围和界限，一旦不小心越界，就会变成扎手的爱情，而这种爱情，是年纪尚小的你尚不能驾驭的。因此，妈妈希望你在享受纯真友情的时候，也能分清友情和爱情的界限，不要让美丽的友谊之花变得枯萎不堪。

涵涵和小东自从上小学以来，一直是形影不离的好朋友。每次涵涵遇到困难，小东总会第一个冲出来帮助涵涵解决难题。时间久了，涵涵觉得小东就像自己生命中无处不在的"超人"，偶尔一次小东没能及时出现在自己身边，涵涵还觉得有点儿莫名的不习惯。她总是调侃自己和小东之间的友情，说他们两个上辈子大概是失散已久的亲兄妹。

有一天，涵涵突然发烧，趴在书桌上昏昏沉沉地睡着了。小东着急地跑了过来，下意识地伸手摸了一下涵涵滚烫的额头，然后大叫一声："不好，这么烫！"接下来，他飞快地跑去找班主任，然后和班主任一起把涵涵送到了医务室。从那天开始，同学们便开始调侃涵涵："小东是不是喜欢上你了？他都摸你额头了。"涵涵被同学这么一说，突然窘得满脸通红，恨不得找个地缝钻进去，但还是硬着头皮说道："胡说八道，我俩是好朋友，发烧摸个额头怎么了！"

女儿，案例中的涵涵和小东之间的友情持续了好几年，每当涵涵遇到困难时，小东作为好朋友，都会及时出现在涵涵身边，这样一段真诚的友情真是让人羡慕不已。然而，涵涵和小东在收获纯真友谊的同时，却并没有注意到朋友之间应该具有的界限，这个界限就是男生女生之间不应该有太多的亲密肢体接触。即便涵涵发烧生病了，小东也不该自己动手去摸涵涵的额头，而应该请身边的女同学帮忙。如果身在友情之中的男女同学不能很好地把握这种肢体界限的话，任由这份友情自然发展下去，那么很可能就会演变成扎手的爱情。因此，女儿，你在和异性同学交往时，一定要谨记异性朋友之间相处的界限，千万不要越过这根红线，让美好的友谊变成不合时宜的爱情。

女儿，现在的你，估计很难分清楚友情与爱情之间的界限。有的时候，你觉得是友情的行为，却容易让对方产生误会，以为你喜欢上了他。因此，为了避免你今后陷入和涵涵一样尴尬的境地，妈妈建议你不妨仔细考虑一下真正的友情应该是什么样子的。

1.朋友之间应该互相尊重

真正的朋友，应该彼此尊重对方的兴趣爱好和个人空间，不能将朋友束缚在自己身边，将他变成你的私有物。真正的友情应该是包容的，你可以有其他的朋友，他也可以有其他的朋友。对彼此而言，大家的生活空间是完全自由的。当你需要他的时候，他会陪在你的身边开导你，鼓励你，当他需要你的时候，也是如此。除此之外，你们都是独立自由的个体，可以有完全不同的兴趣爱好，结交不同性格的朋友，大家永远是彼此尊重的关系。

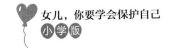

2.朋友之间应该相处和谐

真正的朋友，在一起相处时一定会感觉非常和谐、自然，没有一丝拘束和束缚，这样的感觉才是真正的友情。如果有一天，你在和对方相处时，需要小心翼翼地迁就对方的喜好，生怕自己的某些行为会让对方产生厌烦，那么这样的友情肯定是不健康的。这时候，你需要好好反思一下这段友情是否还有继续下去的必要，如果没有的话，那就及时退出，以免让自己受到伤害。

3.朋友之间应该坦诚相见

真正的朋友，彼此之间应该是坦诚相见的，你不会在背后议论他的各种小缺点，而会选择直截了当地告诉他，提醒他以后注意改进。如果你所谓的好朋友，跟别的同学一起在背后议论你的各种不是，那么你就该注意，这个好朋友是时候该"放弃"了。另外，既然大家都是坦诚相见的好朋友，那么平时交往就没必要扭扭捏捏，扭扭捏捏的行为反而会让别人误会你们，以为你们在恋爱呢!

4.朋友之间应该保持界限

女儿，对于这一点，你尤其需要好好注意，关系再亲密的朋友，在日常交往中也应该保持一定的行为界限，不能勾肩搭背，不能轻易触碰对方的身体，不然这样亲密的肢体动作很容易让外人产生误解。男女生之间毕竟有性别差异，再好的朋友也应该注意自己的言行举止，否则一旦越过了肢体界限，也等于越过了纯洁友谊的界限，很容易让一段美好的友谊变了味道。

女儿，你在小学阶段，应该拥有的唯有纯洁的友谊，过于朦胧的爱情，对现在的你而言，只是一颗很诱人的青苹果而已，看起来很是甜美，实际上却异常苦涩。

把纯真的情感埋在心底，不要踏进早恋旋涡

女儿，没想到有一天，妈妈竟然要跟你讨论"早恋"这个话题了，这说明我的女儿已经长大了。妈妈承认，恋爱的确是一个很美好的话题，只是它并不适合尚在上小学的你，因为对于美好背后的种种小麻烦，你还没有能力去应对。

记得你五岁那年，和幼儿园里的一个小男孩玩得非常开心，爸爸打趣道："宝贝，你喜欢那个叫轩轩的男孩吗？"你一脸激动地点了点头说："我喜欢。"爸爸紧接着又问你："那你知道喜欢是什么意思吗？"你想了想，笑着对爸爸说："喜欢就是爱对我笑。"爸爸忍不住"扑哧"一下笑了出来，问你："那个轩轩平时很爱对你笑吗？"你同样一脸开心地点了点头。

女儿，时间过去了这么久，妈妈想要告诉你的是，喜欢的确不是一个简单的话题，不是你看着他阳光，就喜欢他；不是你看着他优秀，就喜欢他，这种感觉，充其量只是一个少女懵懵懂懂的虚幻想象罢了。真正的喜欢，应该是你从心底里敬佩他的人格和品性，觉得他的一言一行都散发着耀眼的光芒，是可以照亮你生活的一束光。不过，即使你的生命里发现了这样一束光，你也应该只是悄悄地喜欢他，欣赏他，而不应该任由自己走进这束光芒，让它淹没自己。

女儿，你要知道，当烟花绚烂之时，站在远处眺望才是最明智的选择，一旦走近烟火，很有可能将自己灼伤。对于还在上小学的你而言，美好的情感也如同灿烂的烟花，远观即可，千万不要踏近一步，否则很有可能陷入"早恋"的泥潭之中，让你的身心受到巨大伤害。

一位妈妈最近有点儿恼火，因为自己刚读小学四年级的女儿小卉最近一有机会就抱着手机跟同学发微信，这引起了她的警觉。有一次，当女儿又在发微信时，妈妈装作去女儿身边拿东西，趁机迅速扫了一眼女儿的手机屏幕，这一看差点儿让妈妈晕过去：女儿小卉竟然在信息中称呼一个男孩子为"老公"，而对方也直接在微信里称呼自己的女儿为"老婆"！小卉妈妈错愕之余，强行按捺住内心的愤怒，转身去了卧室。躺在卧室床上，小卉妈妈左思右想怎么也想不明白，自己原本乖巧懂事的女儿竟然开始了早恋。如果任由女儿这样发展下去，说不定还会做出什么过分的事情来。想到这里，小卉妈妈再也坐不住了，她起身来到客厅准备跟女儿好好谈谈。

女儿，早恋只是看上去很美好而已，它其实是一枚青苹果，看起来很美，吃起来却很苦涩。案例中的小卉只是暂时沉醉在早恋的甜蜜之中，等有一天她和男孩面对现实中的种种压力之后，估计剩下的就只有懊悔了。女儿，妈妈也想和案例中的小卉妈妈一样，跟你好好地聊一聊"早恋"这个话题。下面，妈妈将会把小卉接下来可能面临的现实问题一一摆出来，你也好认真想想，这些现实问题你是否能够自如应对。

1.如果早恋影响了学业，怎么办

陷入早恋之中的孩子，满脑了想的都是和对方在一起的美好画面，这必然会让你们分出一部分精力来维系情感，从而对你们的学业产生影响。如果真有这么一天，你会如何选择？会为了爱情舍弃学业吗？还是勉强兼顾两者？成熟的爱情需要具有一定的物质基础，在你们这个年纪，最应该做的事情是好好学习，为未来打下坚实的学业基础，而不是花费着父母的心血，浪费时间在甜甜蜜蜜的虚幻爱情里。为了早恋而荒废学业，是对自己极其不负责任的一种表现，根本谈不上幸福和美好。

2.如果早恋过了甜蜜期，怎么办

在12岁左右的年纪里，身体和心理都处于一个快速发展的阶段，对待周边事物的看法也是不断变化的。也许你今天还在喜欢这个男孩的帅气，明天就会喜欢上那个男孩的冷酷。因此，你在早恋中所感受到的甜蜜很有可能只是短暂的。另外，这个年纪的男孩女孩对彼此都充满了好奇，非常想走进对方的世界，窥探一下对方身上的小秘密。可是一旦过了这个短暂的甜蜜期，在彼此眼里再无任何神秘感的时候，你们很可能就会进入"相看两厌"的阶段。与其这样狼狈，何不在一开始的时候就将这段情感埋在心底，悄悄地体会这份甜蜜呢！

3.如果早恋让你受到了伤害，怎么办

女儿，早恋最大的危害，就是偷食禁果。一旦偷食了禁果，那么就会对你的身心造成非常大的伤害。现阶段你的身体刚刚开始发育，需要你好好地呵护它，一旦偷食禁果，很容易对身体造成伤害，甚至让你感染疾病。这样下去，对你的身心都将是一种巨大的伤害。因此，为了避免你有一天受到这样的伤害，在发现早恋苗头的那一刻开始，你就应该理智地保护好自己，千万不要让懵懂的感情冲昏了头脑。

女儿，妈妈知道，恋爱看起来是美好的，但对于现在的你而言，并不合适。如果有一天，你真的遇到了自己真心喜欢的男孩子，那么暂且悄悄地将这段情感埋在心底，先好好学习。将来有一天，如果你们都有了足够的能力和担当，同时发现彼此依然喜欢着对方，再好好享受美好的恋爱也不迟。

第六章

青春期来了，不得不说的性话题

　　女儿，没想到有一天，你也会慢慢开始接触"性"这个话题。在初入小学校园的你看来，"性"充满了神秘和诱惑，你可能会一边忍不住好奇窥探，一边又觉得羞涩尴尬。没关系，这只是一个正常的心理现象，妈妈希望你能通过了解本章的一些相关话题，学会更好地保护自己的身体。

不要和伙伴做任何形式的性游戏

几乎每个孩子在童年时期都经历过和自己的小伙伴一起玩"过家家"的游戏，在游戏里，你当妈妈，他当爸爸，共同哄你们的"布娃娃"喝奶、睡觉。这样的角色扮演游戏，让你们体会到了做爸爸妈妈的生活乐趣。有的时候，你们甚至还会做出一些越界的行为来，比如无所顾忌地搂搂抱抱，甚至因为好玩而互相亲吻对方。那时候，年幼的你们还没有性别意识，对于搂抱、亲吻这样的"性游戏"并没有什么清晰的概念，只是觉得好玩而已。然而，等你一旦上了小学，就进入了一个全新的人生阶段，不再适合玩拥抱、亲吻这类性游戏了。

女儿，进入小学之后，你的身体即将开始快速发育，不该再像从前那样无所顾忌地玩没有性别界限的性游戏了。你需要好好呵护你的身体隐私部位，不能让任何异性抚摸、触碰，这个时候的抚摸、触碰将不再是简简单单的游戏，而很可能会对你的身心造成一定的困扰。

有很多女孩因为在懵懂无知的情况下和小伙伴玩了性游戏，结果长大之后，曾经的画面一直萦绕在她们眼前，她们恨不能回到当初那个时刻，大声跟自己说一句"不要这样"！妈妈不想你在长大之后也因为自己今天玩过的性游戏而懊悔、痛苦，因此在这里想要建议你，任何时候都不要和伙伴做任何形式的性游戏，这些游戏对于女孩而言，一点儿都不好玩。

甜甜7岁时，有一天和自己的好伙伴，10岁的飞飞一起玩过家家的游戏。飞飞的爸爸妈妈当时都不在家，然后飞飞一脸神秘地拉着甜甜的小手说："我们今天一起玩一个更好的游戏好不好？"甜甜一听有好玩的游戏，便开心地点了点头。接下来，飞飞让甜甜闭上眼睛，拉着甜甜的手走进了卧室，他对闭着眼睛的甜甜说："这个游戏需要你躺在床上，撩起自己的裙子，让我亲亲你。"甜甜说："这样的游戏有什么好玩的？"飞飞笑着说："我亲你的时候，看你会不会笑出来，如果你笑出来的话，就算输了。"然后，甜甜乖乖闭上了眼睛，安安静静地躺在床上，掀开自己的小裙子，让飞飞在自己的身上亲吻，但这让甜甜感觉非常不舒服。

女儿，案例中的甜甜和飞飞玩的性游戏一点儿都不好玩，因为甜甜的身体在某种程度上受到了飞飞的侵犯，会给甜甜留下很大的心理阴影。你知道甜甜长大之后，是如何看待那一天和飞飞玩过的性游戏的吗？在后来的生活中，甜甜得知，隐私部位对于女孩而言是非常宝贵、隐秘的，任何人都不能随便抚摸、触碰它们，一旦抚摸、触碰它们，便是对女孩身体的一种伤害。每每想到儿时与飞飞玩性游戏的那一幕，甜甜的内心就感觉非常痛苦，时间久了，甜甜患上了异性恐惧症，她不敢和任何男孩子接触，一旦男孩走近她，她就感觉非常肮脏、恐惧。妈妈能够理解甜甜的这种痛苦，只是很多和小伙伴正在玩性游戏的小女孩，都没有意识到这对于自己的身体而言意味着什么，她们觉得这只是一个小小的游戏而已。可是等她们长大后，了解了这件事情的真实性质，便会陷入深深的痛苦之中。

女儿，你千万别像甜甜那样，长大之后才懊悔于自己曾经因为年幼无知而玩过性游戏。因此，妈妈想要提醒你，如果某一天有男孩邀请你一起玩游戏，你一定要注意下面几项事宜：

1.任何时候，都不可以玩脱衣服的游戏

任何时候，都不可以和男孩子玩脱衣服的游戏，即便对方告诉你，游戏输了的人才需要脱衣服，那也不可以接受。衣服除了美观、保暖之外，最关键的作用就是保护女孩的隐私，任何时候，都不应该作为游戏的筹码来脱掉它们。如果有人提议大家玩脱衣服的游戏，你一旦听到这样的建议，就要意识到这是一种隐形的性游戏，千万不要上当受骗。

2.如果有人借着游戏触碰你的身体，请坚决制止

在玩游戏时，难免会发生一些身体触碰，但是你应该尽量和异性保持一定的距离，以免对方触碰到自己。如果对方在游戏时不小心触碰了你，你保持距离便好，但是如果你发现对方是在借着游戏的名义故意触碰你的身体，那么千万别犹豫，坚决地告诉他："不可以这样，如果你再这样，我就立即给我父母打电话！"当对方欺负你的时候，千万别表现得逆来顺受，这只会让对方更加肆无忌惮地欺负你。

3.如果不小心玩了性游戏，要及时告诉妈妈

女儿，如果你有一天不小心和别人玩了性游戏，受到了身心伤害，一定要及时告诉妈妈，千万别把它们闷在心里，这样对你的心理健康一点儿都不好。不小心玩了性游戏，并不代表你从此不再纯洁了，这跟你的纯洁一点儿关系都没有，不要背负太重的思想包袱。女孩的纯洁代表一种生活态度，并不会因为你不小心和小伙伴玩了一次拥抱、亲吻这样的性游戏，就不再纯洁了。这是两个完全不同的概念，千万别钻在牛角尖里，把自己一棍子打死。

女儿，总而言之，妈妈不反对你和男生成为很好的朋友，在课余时间，你们也可以光明正大地玩一些积极、健康的游戏，但是你一定要记住，千万不要尝试任何形式的性游戏，那只会让你在未来懊悔不已。

正确对待各种媒体上的"性"信息

　　网络媒体现在渗入我们生活的方方面面，我们通过手机跟亲朋好友联系感情，通过电脑获取各种最新的信息和知识，可以说，一旦离开手机、电脑等这些社交媒体，我们的生活几乎就会陷入封闭的状态。女儿，在这个信息化的社会，每个孩子都自然而然地学会了使用手机和电脑，爸爸妈妈也不会剥夺你使用它们的权利，因为毕竟这些媒介让你接触到了新的信息、新的知识，还拓宽了你的眼界。

　　然而，妈妈在这里还有一点点担忧，那就是社交媒体在给你带来新知识的同时，也会把各种垃圾信息带到你的面前，比如各种不适合孩子了解的"性"信息。如果碰到这些信息，妈妈希望你能正确对待它们。当然，并不是对媒体上所有的"性"信息都要避之不及，有些正当的"性"信息能对你们进行"性"教育启蒙，从而让你们更加了解自己的身体结构，以便今后更好地保护自己。不过，你要理智分辨哪些"性"信息是有利于增长生理卫生知识的，比如学校组织的性健康教育课，比如教育部、卫生部网站发布的有关青少年生理健康知识的讲座，或者正规出版社出版的《小学生性健康教育读本》。它们能帮助你们更好地了解自己的身体，提醒你们慎重对待随意的"性"行为，同时教育你们如何正确地面对"性"行为引发的一系列后果。而有的"性"信息，

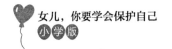
却只是在传播低俗、下流的色情内容，诱导青少年沉迷其中，荒废学业，有的甚至会诱导你们走向违法犯罪的道路。下面我们一起来看一个案例吧。

10岁的楠楠最近一写完作业就待在房间玩手机，妈妈偶尔进去问楠楠在干什么，楠楠都会不动声色地打开一款叫作"互动作业"的学习App，告诉妈妈："我在这里交流作业呢！"听到女儿只是用手机在交流学习，楠楠妈妈便欣慰地关上房门，走了出去。后来有一次，有个女同学喊楠楠一起到楼下踢毽子，楠楠把手机一扔，就急匆匆地跟着同学一起出门玩了。妈妈在打扫卫生的时候，无意间瞥了女儿的手机一眼，这一看让她吓了一大跳。妈妈发现楠楠的手机界面上竟然出现了大量不雅、充满了性暗示的内容，这些内容都是"互动作业"的微信公众号推送的，里面有关"网恋""污""早恋"方面的文章被多次推送，评论区还多次出现"看黄片"等字眼儿。看完这些，楠楠妈妈决定晚上好好跟女儿聊聊有关如何辨别网络信息的问题。

女儿，这些学习类App之所以要植入娱乐游戏甚至色情内容，不过是想通过低俗的内容来达到吸引用户的目的，用户越多，流量就越大，应用开发者所获取的利益相应也越大。案例中楠楠的本意并不是刻意去浏览这些低俗的"性"信息，她只是在利用手机学习的时候，不小心被这些低俗信息包围了。因此，女儿，你在使用手机、电脑等网络媒体时，一定要注意分辨信息内容，千万不要被这些低俗的"性"信息误导了。在面对良莠不齐的"性"信息时，你应该这么做：

1.女儿，你要学会分辨良莠不齐的"性"信息

女儿，如果你想了解有关"性"的各种问题，你可以到教育部、国家卫生健康委员会等官方网站上去浏览有关青少年生理健康方面的知识。另外，医院发放的宣传小册子、学校组织的"性教育"讲座、国家正式出版的有关青少年"性生理"和"性心理"健康保健的书籍，都可以作为你了解"性"的正当途

径。如果你在浏览网页时发现了低俗的色情信息，在路过小巷时看到电线杆上粘贴的各种色情小广告，千万不要因为好奇而接触它们。在面对媒体上形形色色的"性"内容时，你一定要保持清醒的头脑，学会分辨哪些内容是健康的，哪些内容是低俗的。

2.如果你对"性"产生了好奇，可以和妈妈聊聊这个话题

每个孩子都会对"性"这一神秘的事情感到好奇，这并没有什么难为情的。女儿，如果你有一天懵懵懂懂地听到了与"性"有关的话题，千万不要自己在网上搜索一些垃圾信息，你完全可以直截了当地告诉妈妈，妈妈会与你聊一些有关"性"教育、生理健康、女孩生理特征、女孩自我保护等积极健康的"性"内容，从而让你学会如何更好地保护自己。千万不要因为不好意思，自己选择一些低俗不堪的网站来了解这些信息，这极有可能会歪曲你对"性"的看法。

女儿，当你成长到一定的年纪，"性"肯定是一个绕不开的话题，如果你有一天开始对它产生好奇心理的时候，记得通过正当渠道来了解这些知识，千万不要在网络上观看那些不好的"性"信息。对待网络上良莠不齐的各类"性"信息，你一定要擦亮眼睛，学会正确地分辨它们。

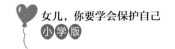
拒绝观看色情影视、书刊、图片等

　　女儿，如果有一天，有人向你推荐色情影视、书刊、图片等不良内容，你一定要坚决拒绝，不要被人诱骗去看一些不适合孩子观看的内容。如果你在日常的生活学习中发现了色情影视、书刊和图片时，妈妈也希望你能自觉、主动地屏蔽它们，不要让这些低俗的色情内容腐蚀你原本纯净的心灵。但妈妈这么说，并不意味着禁止你接触任何形式的"性"教育。相反，妈妈会鼓励你了解一些健康的"性"知识，因为这对你的身心发展也是有好处的。

　　2017年，杭州萧山一位妈妈吐槽学校发的《小学生性健康教育读本》尺度太大，并晒出图片，指出"爸爸的精子进入妈妈的子宫"这样的描述会让孩子们看到对方的生殖器官，非常不雅。这一吐槽引发了很多家长对于"性"教育这一话题的探讨。有部分家长认为对孩子进行"性"教育非常必要，避谈性教育、生理卫生之类的话题，会让孩子生理知识欠缺，无法很好地保护自己。而另外一部分家长则认为，"性"是一件很隐私的事情，不应该让孩子接触尺度这么大的性教育启蒙。

　　妈妈的观点是，非常赞同对你们进行基础的"性"启蒙教育。要知道，孩子最大的特点之一，就是喜欢探索自己好奇的事物，等你们身体开始发育之后，如果不能对自己的身体、异性的身体有所了解的话，好奇心反而会驱使你们背着父母，选择偷偷从碟片、电脑、手机、不良书籍上获取这些信息。与其让你们接触这些不良的"性"信息，反而不如大大方方地让你们通过正规渠道来获取这些信息。

现实生活中，有些男孩就是因为观看了色情影视、书刊、图片而走上犯罪道路的。他们在色情信息的冲击之下，满脑子所想的都是如何去亲自感受，于是便铤而走险，不惜以身试法，这反而伤害了很多无辜的小女孩。因此，妈妈觉得你们有必要通过一些正当的渠道来更好地了解自己的身体发育以及性冲动。除了男孩之外，作为女孩，也应该适当了解一些必要的生理知识。如果女孩对"性"知识一无所知的话，在面对侵犯时，她甚至都不知道这件事情对自己的身心健康意味着什么，事情发生后，她也无法很好地避免自己受到更严重的身心伤害。因此，女儿，从这个角度而言，妈妈觉得让你们通过正规的渠道来了解"性"知识非常有必要。但是千万不要观看色情影视、书刊、图片，这会误导你们对"性"的正确认识。接下来，我们就来看一个案例吧。

12岁的女孩素素被在外打工的妈妈接到了身边上学，倍感孤单的她不久之后就结识了一个务工家庭的男孩——16岁的王某。认识不久之后，素素就和王某建立了男女朋友关系。后来，素素还背着妈妈经常到王某的出租屋去玩耍。有一天王某打开电脑，称要带着素素一起看一个成人才看的"电影"，素素没有多想就答应了。播放不久，素素就隐约意识到，这是一个有关"性"的影片，因为里面有很多露骨的镜头。那天，两个人学着影片的样子，在出租房里第一次偷吃了"禁果"，他们觉得这样模仿非常好玩。没多久，素素的妈妈在出租屋里找到了素素，并把她带回家，可是却发现素素已经怀孕一个多月了。悲愤不已的妈妈只好带着素素去医院做了人流手术，并随之报了警。

女儿，案例中的素素和王某在色情影视的冲击下，忍不住偷吃了"禁果"，然而，年幼的素素并不知道这一行为将给自己的身体带来多么大的危

害。如果素素能够提前通过正常的渠道了解一些基本的"性"知识的话，她至少会明白，"性"并不是一件简单的事情，它会给自己的身体带来一系列严重的后果，比如偷吃"禁果"之后很可能会导致怀孕，而在身体尚未发育成熟的时候怀孕，会对自己的身体造成一系列不可逆的伤害。

女儿，简单来说，色情影视、书刊、图片只会诱使少男少女偷食"禁果"，却不能很好地引导你们正视这件事情可能引发的后果和危害，对年幼的你们百害无一利。

女儿，妈妈在这里给你提两点建议，希望你能重视。

1.面对色情影视、书刊、图片，一概不看

女儿，如果有一天你在浏览网页时，发现这个网页有很多露骨的"性"内容，那么你应该及时关闭网页，千万不要点进去继续观看。如果身边有同学或者陌生人给你发送一些色情链接时，也应置之不理。很多孩子就是因为抱着好奇的心理点开网页，结果发现很多露骨的"性"内容，进而在这些垃圾内容的诱惑下越陷越深，直至发展到不可收拾的地步，最终导致精神萎靡，无心学习。

2.理智看待自己的"性冲动"

女儿，伴随着生理上的不断发育，你们偶尔会出现"性冲动"，这其实是一种正常和自然的生理反应，并不是什么令人羞耻的事情。但千万不要带着强烈的好奇心理和探秘心理去观看色情影视、书刊、图片，也不要过早地偷尝"禁果"，这只会让你陷入更大的失落和懊悔之中。作为学生，你应该学会理智地看待自己的生理反应，应该培养积极向上，阳光健康的心态，把更多的精力和时间花费到探索知识方面，而不是探求"性"方面。

女儿，色情影视、书刊和图片呈现的内容，会像一个赶不走的恶魔一样萦绕在你的脑海里，它会扰乱你原本单纯无邪的心智，甚至会影响你看待这个世界的方式。千万不要因为一时的好奇而打开这个"潘多拉魔盒"，因为它一旦被打开，就会腐蚀你的整个心灵。

不要为了零食、玩具等而牺牲自己的身体

女儿，妈妈一直告诉你，除了生命之外，你的身体就是你最宝贵的东西，它不能用任何金钱来衡量和交换。无论别人提出用任何东西来换取你的身体，你都要毫不犹豫地拒绝，千万不要被眼前的物质诱惑迷失了自我。如果有一天你因为这些外在诱惑失去了身体，今后一定会倍感愧疚和后悔。

可是，这个简单的道理很多女孩却不知道，在她们花一样的年纪里，妈妈并没有告诉她们，身体究竟有多么珍贵。女儿，妈妈看到现实生活中这么多因为懵懂无知，就糊里糊涂被陌生人骗走了童贞的小女孩，感觉非常痛心。现在的你，既然已经知道了自己的身体有多么宝贵，那么就请好好地珍视它吧。千万不要像下面案例中的小女孩那样，因为一点儿零花钱就献出了自己宝贵的童贞。

2012年中旬至2013年，60岁的男子陈某在北京朝阳一小学附近捡破烂和卖菜时，认识了小学生王某、杨某及宋某。陈某明知道这三个小女孩还是上小学的孩子，却觉得小学生非常好哄骗，于是便采取以给零花钱的方式，多次对小学生王某和杨某进行猥亵甚至强奸。另外，他还以同样的方式对女童宋某进行猥亵。直到2013年的6月份，受害女童的家长发现孩子的异常后逼问女童，才得知女儿受

到了侵害，于是这三名女生的家长联合起来报了案。

女儿，案例中的这三个小女孩，仅仅为了得到一些零花钱就牺牲了自己宝贵的身体。我想这些女孩在受到侵害的时候，并没有觉得这是一件有多么严重的事情，因为她们不知道自己失去的东西有多么宝贵。如果她们提前知道自己的身体有多么宝贵的话，绝对不可能如此轻易地牺牲它们。女儿，案例中的小女孩今天受到的诱惑只是少量的零花钱，如果有一天有人用比零花钱更多的物质条件来诱惑你，你也千万不能答应他的要求！因为你的身体是无价的，任何想用交易的方式来换取你身体的行为，都不可以接受。在这里，妈妈想给你提几个重要的人生经验，下次如果你碰到了和案例中的小女孩类似的诱惑，千万要记得妈妈跟你说过的这些话。

1.不要向父母亲人之外的其他人伸手要钱

女儿，在小学阶段，你所有的零花钱和生活费都应该由爸爸妈妈来负担，如果你有额外需要用钱的情况，也应该向爸爸妈妈求助，而不是通过其他人获得帮助。如果对方诚心帮你还好，你只需按时还钱即可，可万一对方借机向你提出其他过分的要求，你该怎么办？当然，如果遇到对方的刁难，你完全可以回家找父母帮忙，但是为了避免不必要的纠缠和麻烦，你最好不要向其他任何异性借钱。

2.无论有多喜欢对方，都不要用自己的身体做交换

女儿，如果有一天你在学校遇到了自己喜欢的男孩，无论有多么喜欢他，都不能用自己宝贵的身体和他做交换，从而换取他对你的好感。如果一个男孩要求你用自己的身体做筹码来博取他的好感，那么仅凭这一点，就可以证明这个男孩并不值得你喜欢。因为从他提出要求的那一刻开始，就把你的身体当成了一件可以交换的物件，而你的身体事实上是无价的，比任何东西都要宝贵。

3.如果有人用零食或玩具引诱你，记得要告诉父母

女儿，如果有人用零食或玩具引诱你，想要换取你宝贵的身体，你应该第

一时间拒绝他，然后还应回家告诉爸爸妈妈。因为他一旦对你动了坏心思，谁也无法保证他下次不会再找机会对你下手。因此，为了避免今后的伤害，你如果发现身边出现了这样的坏人，无论他是你的邻居、同学，甚至是亲戚，你都应该毫不犹豫地告诉爸爸妈妈。

女儿，妈妈跟你提的这些建议，你一定要谨记在心，任何时候都该记住这一点，除了生命之外，没有什么东西能比你的身体更宝贵，任何人都没有权利用金钱来换取它。

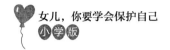
受到性伤害，要及时告诉家长或报警

女儿，如果有一天你在外面遭到了性伤害，一定要及时告诉爸爸妈妈，爸爸妈妈会陪着你一起去报警，然后将伤害你的坏人绳之以法。性伤害对女孩而言，无异于一场噩梦，这对你的身心甚至整个人生都会造成巨大的伤害。万一发生了这样的事情，爸爸妈妈一定会陪伴在你身边，帮你度过这段黑暗的时间。

在现实生活中，有很多敏感内向的小女孩，她们在遭受到了坏人的性伤害之后，不敢告诉父母，而是选择独自一人苦苦挣扎。有的女孩因此留下了严重的心理阴影，还有的女孩因为久久无法走出阴影而选择结束自己的生命。女儿，妈妈听到这样的事情觉得非常心痛——无论发生任何事情，你都应该记住，在这个世界上没有比生命更珍贵的东西了，哪怕是你的身体遭到了坏人的侵害，你也不能因此而放弃自己宝贵的生命。

受到侵害而隐忍不言，这一方面会助长坏人的嚣张气焰——如果他们这次犯罪没有受到相应的惩罚，那么下次他们还会继续伤害你或者别的女孩；另一方面，让坏人逍遥法外也对你极不公平，自己身体受到了侵害，却不能通过法律让坏人得到相应的惩罚，那么你的伤痛将永远无法得到抚慰。接下来，你先看看下面这个案例吧，案例中的小女孩在面对侵害时没有在第一时间告诉父母，结果却被对方接连伤害了多次。

　　湖北十堰11岁的女孩小红，有一天在26岁的邻居王某家门口玩耍时，被王某骗进了家门。随后，王某将小红锁在家里，侵犯了她。事后，伤心的小红本想告诉父母，让父母帮她报警，结果王某却威胁她说："你如果跟家里人讲，我顶多被告坐几年牢，而你的一辈子就毁了。"听完王某的威胁，小红最终选择了沉默不语，没有将这件事告诉任何人。后来，胆子越来越大的王某竟然又先后三次强奸了她。小红羞愤不已，然后趁家人不备时悄悄喝了农药打算自杀，家人发现后及时将她送到医院才抢救过来。不过，医生说小红的精神状态非常糟糕，而且不排除有怀孕的可能。得知真相之后，家人当即报了警，邻居王某随后被警方羁押，以强奸罪立案，最终受到了法律的制裁。

　　女儿，案例中的小红如果在第一次遭到王某的性侵时，能及时告诉自己的父母，那么父母一定会在第一时间带着她去派出所报警，然后将坏人绳之以法。而罪犯就不会那么嚣张，也不敢接二连三地继续侵害她了。可是，小红面对王某的威胁，最终还是胆怯了，这恰恰给了王某继续犯罪的机会。因此，女儿，你千万不能像案例中的小红那样，用对方的错误来惩罚自己，懦弱和妥协只会助长坏人的嚣张气焰。

　　不管怎样，性伤害对于女孩的身心是一个重创，她们需要花费很长时间才能逐渐摆脱阴影，妈妈希望你永远不要遭受这样的伤害。可是女儿，如果有一天你遇到了这样的伤害，无论如何都应该告诉自己冷静下来，通过报警将坏人绳之以法，同时把这件事情对自己的伤害降低到最低程度。在这里，妈妈给你提供几个非常重要的建议，你不妨看一看。

　　1.受到性伤害，一定要保留好证据

　　女儿，如果有一天你不幸受到了性伤害，应该第一时间保留好对方留下来的证据，比如先不要着急洗澡、换洗衣物等，因为保留好对方犯罪的证据，对

惩治坏人而言非常有必要。有些女孩遭到侵害之后，不是想着第一时间保留好各种证据，而是惊慌失措地跑去洗澡、洗衣服，这等于销毁了对方伤害自己的有效证据，对后期的调查取证非常不利。

2.受到性伤害，一定要告诉父母

女儿，保留好证据之后，你一定要回家告诉父母，不要觉得羞愧，因为这并不是你的错。你年龄还小，面对这样的伤害不知道接下来该怎么办，就把这些事情交给父母来处理吧！父母会在第一时间带着你去报案，警方也会及时带你去医院做全面的身体检查，看对方对你的侵害程度有多大。在这个过程中，你要做的事情就是冷静下来，相信父母，千万不要因为面子等问题就选择忍气吞声。

3.不要用别人的错误来惩罚自己

女儿，生命只有一次，面对再大的痛苦都不应该选择轻生来逃避。尤其是当坏人侵犯了你之后，更不能用对方的错误来惩罚自己。要知道，做错事情的是对方，而不是你，你没必要因此而羞愤不已，草草结束自己的生命。生命中并非只有鲜花和阳光，偶尔也会乌云密布。当你身在乌云之下时，一定会觉得人生暗淡无光，但你要记住，乌云总会过去的，等待你的还会有更多的鲜花和阳光，没必要为了一个坏人而搭上自己宝贵的生命。

女儿，你现在明白了吧，如果有一天你受到了性伤害，千万不要独自承受，也不要随意放弃自己的生命，而应该及时告诉爸爸妈妈。你要相信，爸爸妈妈是这个世界上最爱你的人，在你受到伤害时，我们会永远站在你的身后温暖你，保护你，陪你走过这段乌云密布的时间。

有必要了解一下怀孕、避孕这些事

女儿，看到这个话题，你一定觉得可笑，小小年纪的你哪里需要了解这些知识呢？可是，妈妈不得不严肃地告诉你，这些知识对于女孩而言非常重要，在意外发生时可以让你免受很多身心的创伤。

有些女孩在发生了性行为之后，因为没有及时采取避孕措施而糊里糊涂地怀孕了。在这种情况下，因为女孩身体尚未发育成熟，再加上没有哺育幼儿的能力，所以基本上都会想办法将孩子流掉。这对女孩而言，无异于再遭受一次身体上的磨难。

尽管现在有了无痛人流手术，但在无痛人流手术过程中，如果操作不当，或者医疗卫生条件没有达标，细菌很容易从阴道或宫颈中进入子宫，造成宫内感染；如果操作失误的话，还有可能引发大出血，甚至危及女孩的生命。即便手术顺利，对于十来岁生殖器官尚未发育成熟的女孩而言，都会带来很大的身心伤害。我们一起来看看下面这个案例吧。

12岁的小珍今年7月刚刚小学毕业，暑假期间她频频找各种借口不回家过夜，一会儿说"在东方广场"，一会儿说"班上的女同学爸妈去香港旅游，需要我陪宿几天"。虽然父亲李先生和妻子总是担心女儿的安全，但每次都有"女同

学"发短信或打电话报平安，他们也就信以为真了，认为女儿和"女同学"在一起应该没什么事。可是，9月份开学后两周，老师就告知李先生和他的妻子，称小珍经医院诊断，已经怀有两个多月的身孕。李先生通过询问得知，原来让小珍怀孕的，是和她同年级的14岁男生小刚。后来，李先生带着女儿去做了人流手术，但是手术后，小珍便一直躲在家里，一谈起这件事就会和父母大吵大闹，甚至还曾试图拿刀砍父母，精神受到了很大的刺激。

女儿，案例中的小珍不该在这么小的年纪就和男孩发生性行为。过早的性行为会严重伤害女孩尚未发育成熟的身体，而一旦怀孕流产则会对身心造成更大的伤害。小珍后来出现了精神异常的现象，可以说跟人流手术不无关系。这种情况下，小珍急需心理医生的疏导和干预，否则任由这样发展下去，很可能会导致更加严重的后遗症。女儿，妈妈绝对不希望你有一天会像小珍这样遭受身心重创，但是万一你和男生偷吃了"禁果"，或者遭受了他人的性伤害，妈妈都希望你能在事后及时采取避孕措施，以免对你的身心造成更大的伤害。

借着这个机会，妈妈在这里跟你普及一些有关怀孕和避孕的基本常识，希望你能更好地珍视身体，不要让自己受到无谓的伤害。

1.关于怀孕，你应该了解的常识

女儿，你知道新生命是如何产生的吗？当精子和卵子结合在一起之后，就会形成受精卵，这个受精卵就是一个新生命的原始形态，这就是俗话说的"怀孕"。女儿，你要知道，精子来自男子体内，而卵子则来自女子体内。一般而言，女子一旦开始经历月经，每个月就会排出一颗成熟的卵子，卵子如果在体内和男子的精子相遇，就有可能怀孕。而精子和卵子相遇的方式，一般而言就是通过性行为来完成。因此，女儿，千万不要觉得发生性行为是一件没什么大不了的事情，一旦稍有不慎，就有可能怀孕。

2.怀孕之后，你的身体有哪些异常

女儿，很多女孩在怀孕之后，因为不了解怀孕的身体症状，从而错过了最佳的做人流手术的时间。因此，了解一下怀孕之后的身体症状，对于女孩而言非常有必要。女儿，怀孕的首要症状就是停经，如果你发现自己平时按时来的"好朋友"没有准时来临的话，就要考虑自己是否怀孕了；怀孕之后，因为雌性激素的大量分泌，你会出现呕吐或厌食症状，如果你发现自己的饮食习惯发生了很大的变化，也应该考虑自己是否怀孕了。一旦出现上述这些反常症状，你一定要及时告诉妈妈，由妈妈陪你去医院做专业的检查，千万不要因为难为情而选择沉默不语。

3.关于避孕，你应该了解的常识

女儿，一般而言，最安全的避孕方式就是戴好安全套，它能有效防止性传染病的传播，干净卫生，是最为直接有效的避孕方式。还有些女孩会采用口服避孕药的方式来避孕，不过最好在事前服用短效避孕药，从月经周期第5天开始，每晚服药1片，连服22天，不能间断，因为它比事后紧急避孕药带来的副作用小得多。另外，绝对不要采用体外射精、安全期避孕、杀精剂的方式来避孕，否则意外怀孕的可能性依然很大。

4.万一受到性伤害，要及时避孕

女儿，如果你不幸受到了坏人的性侵害，一定要及时告诉妈妈，在妈妈的陪伴之下去药店购买适合你的避孕药，以便把对你身体的伤害降到最低。如果你选择隐瞒性侵事实的话，就很有可能错过最佳的避孕时机，而一旦怀孕，就要面临人流手术，这对你的身体伤害反而会更大。

所以，女儿，每个女孩都应该了解一些必要的怀孕、避孕知识，以便在发生性行为之后能及时地避孕，从而把对身体的伤害降低到最小程度。如果在尚未成年的时候发生性行为，可以说是女孩的第一个噩梦；如果在发生性行为之后，因为没有及时避孕而导致意外怀孕的话，则是女孩的第二个噩梦；通过人流手术流掉孩子，则是女孩的第三个噩梦。而事先了解一些怀孕、避孕的相关知识，则可以让女孩免除后两个噩梦，这是非常有效的自我保护措施。

第七章

网络是把双刃剑，别不小心伤了自己

　　女儿，身处一个网络发达的世界，你免不了会接触网络游戏以及社交、娱乐软件，而且还会通过网络与形形色色的网友打交道。要想彻底远离网络，几乎是不可能的事情。妈妈只是希望，你在享受网络带来的便利的同时，能对网络游戏、娱乐软件、社交软件有一个清醒的认识，千万不要沉溺其中，让网络成为伤害你的"利剑"。

不加陌生人的QQ、微信等社交账号

　　女儿，进入小学之后，随着社交圈的逐渐扩大，你可能会自己开通QQ、微信等社交账号。在现代社会，这些社交账号可以说是必不可少的社交工具，你会通过它们跟父母、同学或朋友进行联络。有的时候，老师布置的作业甚至也需要通过QQ或微信这些社交工具来进行沟通交流。因此，为了方便你的学习和生活，妈妈一般不会随意干涉你使用它们。不过，妈妈想要提醒你的是，你在使用这些社交工具的时候一定要保持清醒的头脑，不要随便加陌生人为好友，以免给你的生活带来困扰和危险。

　　有一次妈妈带你坐地铁时，有个大哥哥走过来对我们说："我们公司正在搞一个促销活动，添加好友之后就可以领取一份精美的小礼物。"妈妈看到这一幕，急忙委婉地拒绝了。可是你看到大哥哥手里拿着的小礼物，非常心动，便不顾妈妈的反对添加对方为好友，接下来发生的事情你应该还记得吧？此后的每一天，你的微信上都会不定时收到对方发来的各种各样的促销信息，"叮咚叮咚"的信息提示声严重干扰了你的正常生活和学习，最后你还是被迫删掉了对方的微信。女儿，添加陌生人为QQ或者微信好友，带给你的麻烦不仅仅是接受垃圾广告这些小事情，有时候还会让你遇到不三不四的坏朋友，严重危害你的人身和财产安全。下面就请看看这个危险的案例吧。

2016年6月的一天，三名小学生模样的女孩子来到南京某派出所报警，称自己被骚扰了。警方通过了解得知，三名女生都是小学同学，刚满12岁。她们都有QQ，一次三人在一个同学家中玩的时候，发现三人的QQ都收到同一名陌生男子的好友请求。男子称自己17岁，想加她们为好友认识一下。她们没有多加防备，便不约而同地加了对方。可是接下来，让这三个女孩没想到的是，这个陌生男子一直发一些很"恶心"的图片和视频过来，还提出分别给她们1000块钱，约她们单独出来见面。

一名女生出于好奇就去了，不过她机灵地先躲在一旁观察，发现对方原来是个四十多岁的"大叔"，便找理由迅速脱身了。对方虽然见面不成，但是仍然继续通过QQ对三名女生进行骚扰。女孩们不堪其扰，最后才决定报警。据了解，男子正是通过QQ"查找附近的人"加上这三名小学女生为好友的。

女儿，你看看案例中三个女孩遇到的事情有多么危险！她们收到陌生人添加好友的邀请时，并没有选择拒绝，而是出于好奇就同意了。结果她们不停地收到对方的信息骚扰，甚至还被对方以金钱为诱饵单独约出来见面。幸亏前去见面的小女孩多留了个心眼儿，发现对方是个骗人的"坏叔叔"，这才侥幸全身而退。可是现实生活中，侥幸的事情并不会时时发生，如果小女孩跟着对方去了宾馆才发现被骗，逃脱的可能性又有多大呢？女儿，妈妈希望你能够以此案例为鉴，千万不要添加陌生人为QQ好友或者微信好友，以免给自己带来意想不到的人身伤害。

女儿，为了让你更加安全地使用QQ、微信等社交工具来和亲朋好友交流信息，妈妈在这里想跟你提几个有关使用这些社交工具的建议，希望你能在日常生活中多加注意，不要让社交工具成为伤害你的利器。

1.陌生人的"好友请求"要一律拒绝

女儿，为了避免你的生活和学习受到频繁的骚扰，如果今后有陌生人向你发出"好友请求"时，千万不要抱有"试试看"的心理。现在的你无法分辨对

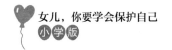
方添加你为好友的动机是什么，为了避免可能出现的各种危险，请一律拒绝掉他们的请求，千万不要给对方骚扰你生活、诱骗你出去的机会。要知道，一旦你打开了"潘多拉的魔盒"，就会不由自主地想要跟陌生人继续交流下去，时间久了，你可能还会答应对方约会的请求。因此，为了避免后续出现的各种麻烦和危险，不如一开始就阻断这些危险的源头。

2.遇到索要钱财的信息要打电话向对方核实

女儿，如果有一天你在QQ或者微信上收到了好友发过来的借钱信息，千万不要未经核实就给对方转钱。现在盗号事件频发，一旦对方的账号被坏人盗取，就会被坏人用来向对方的亲朋好友借钱。因此，为了避免上当受骗，如果你有一天在QQ或者微信上收到了好友借钱的请求，先不要急着给对方打钱，而应该拿起电话亲自向对方核实一下，看看借钱的对象是否为好友本人。

3.不要被朋友圈里的各种广告所迷惑

女儿，现在的朋友圈里各种微商广告鱼龙混杂，具有很大的迷惑性。作为小学生，你千万不要被朋友圈里这些五花八门的垃圾广告蒙蔽了双眼，想都不想就下手购买。妈妈建议，如果你真有需要购买的东西，最好去有质量保障的超市或商场购买，千万不要贪图便宜去购买朋友圈里这些没有资质的三无产品，否则等待你的很可能是一个骗局。

女儿，总而言之，妈妈不想剥夺你使用QQ、微信这些社交工具进行交流的正当权利，但你在使用时，千万要保持警惕，不要添加任何陌生人为好友，以免上当受骗。

玩手机游戏、网络游戏要适度

提起手机游戏、网络游戏，很多妈妈都会觉得它们是一种不好的东西，容易让孩子沉溺其中无法自拔。其实，这是对手机游戏、网络游戏的一种误解，事实上并非所有的手机游戏和网络游戏都是垃圾。相反，有些游戏玩起来，不仅不会影响你的正常学习，反而还会拓展你的视野，开发你的思维。只不过，你在玩手机游戏、网络游戏时，一定要适度，不要让它们影响到你的健康和学习。

女儿，虽然妈妈不会反对你适当地玩手机游戏和网络游戏，但如果你不能把握好度的话，妈妈也许会考虑剥夺你玩它们的权利。因为妈妈不想让它们成为危害你身体健康以及影响你学业的垃圾软件。女儿，你知道一旦沉迷于游戏之中，会对你的生活和学习带来哪些负面影响吗？

首先，在玩游戏的时候，你的眼睛需要一直盯着手机屏幕，长时间玩下来，眼睛就很容易出现疼痛、红肿、流泪的情况，时间久了必然会影响你的视力。其次，长时间低着头玩手游，颈椎就会长时间处在受压迫的状态，久而久之对颈椎的伤害也是非常大的。再者，手机和电脑多少会产生一些辐射，天天近距离接触它们的话，会对你的身体健康造成一定的伤害。最后，长时间沉迷于手机游戏或网络游戏，会让你的生活圈子变得越来越小。你觉得自己在网络

世界里就能得到放松和快乐，就不愿花费时间去参与现实世界里的人际交往，这对你的健康成长非常不利。

女儿，现在你知道妈妈为什么要提醒你在玩手机游戏和网络游戏时，要保持适度了吧？妈妈不想让这些游戏成为损害你身体、消磨你意志的可怕利器。下面这个案例，可以说是很多沉迷于游戏之中的孩子都会遭遇到的事情。

10岁的小丽家住湖北大冶，平时爸爸做泥工，经常外出；妈妈则在一家工厂上班，早出晚归，平时都没有时间管她。2014年的暑假，父母将一个旧手机留在家里给她玩，小丽随手一摆弄，很快就被"保卫萝卜"的游戏吸引住了。爷爷奶奶很宠她，看她玩得很好，觉得孩子很聪明，便没阻拦她继续玩。有一天，妈妈突然发现小丽经常眯着眼睛看人，就带到她到医院检查，结果一查吓了一跳，小丽的视力不到一个月时间竟然从1.0下降到了0.4和0.5，验光度数达200度了。"电子产品发出的光线会让眼部肌肉疲劳，影响聚焦能力，会导致视力模糊。最初只是暂时的视觉疲劳，长此以往会变成永久的视力损害。"眼科医生对小丽的妈妈说，孩子眼睛尚未发育完善，因此受到的伤害更大。

女儿，案例中的小丽整日沉迷于手机游戏，没有给自己规定一个合适的使用时间，结果不到一个月时间，视力就严重下降，变成了近视眼。妈妈不想让你因为玩游戏而伤害了自己的视力、颈椎，以及其他方面的健康，因此希望你能记住小丽的惨痛教训，千万不要沉迷于手机游戏，让原本很快乐的事情最终却变成了一个悲剧。手机游戏和网络游戏可以说是一把"双刃剑"，如果你玩得比较得当的话，它们会给你带来很多快乐和惊喜，然而一旦你沉迷其中，它们就会变成一个嗜血的怪兽，逐渐吞噬掉你的健康、意志和幸福。在使用这把"双刃剑"时，妈妈希望你能掌握以下几个小诀窍。

1.给自己规定一个合理的玩耍时间

女儿，你在玩手机游戏和电脑游戏之前，一定要和自己"约法三章"，给自己规定合理的玩耍时间，比如最长不超过30分钟，而且还应该在完成作业之后。这个约定会让你在学习、健康、游戏之间达到一种平衡状态，可以让你安心、快乐地享受游戏带来的乐趣，既不必担心它会损害你的视力和健康，也不必担心它会影响你的正常学习。

2.要在光线充足的条件下玩游戏

很多孩子在玩手机游戏时，喜欢让自己处于一种非常随意的状态之中，比如窝在沙发上、趴在床上等。这些姿势不仅有损于你的脊椎，还会严重伤害你的视力。因此，女儿，你在玩手机游戏时一定要选择光线充足的地方，必要时还可以打开台灯，千万不要贪图一时安逸而损害自己的身体健康。

3.选择一些有利于智力开发的小游戏

现在市面上的手机游戏和网络游戏数目繁多，良莠不齐。女儿，你在选择游戏时，最好选择那些有利于你智力开发的小游戏，这种游戏可以让你在放松身心的同时，拓展视野，开阔思维，这样一举两得，何乐而不为呢？当然，对于那些充满低俗、暴力内容的手机游戏和网络游戏，你最好敬而远之，碰都不要碰。

女儿，只要你能够自觉地和自己"约法三章"，并且遵守约定，那么你便可以光明正大地在爸爸妈妈面前玩游戏，不需要躲躲闪闪、遮遮掩掩。请放心，爸爸妈妈能够体会到游戏给你带来的趣味和快乐，也不会剥夺你正当玩游戏的乐趣，只要你能保持适度。

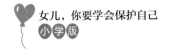
不要沉溺于娱乐软件

女儿，有一天，我发现你在手机上看视频，边看边笑得前仰后合。我好奇地走过去一看，发现你原来在看某短视频社交软件上的小视频。视频中有个装扮艳丽的大姐姐一边夸张地扭来扭去，一边用搞笑的语调在唱歌。我当时问你："这个东西好玩吗？"你笑着点了点头说："好玩。"妈妈接着不甘心地问你："你觉得哪里好玩呢？"你看着我的眼睛，想了好半天，才悻悻地说："能让我开心哪！我身边很多同学都在看。"

可是，女儿，在这个世界上能让你们开心的事情有很多，为何偏偏要选择这些娱乐软件来满足自己的快乐呢？你们用刷视频的这些时间，可以做许多非常有意义的事情，比如看书、踏青、打球、跑步，这些事情同样可以让你们感觉放松和快乐，为什么你们却选择窝在家里对着这些小视频傻笑呢？妈妈静下心来仔细地想了想，后来终于有所领悟，因为这些短视频社交软件上的搞笑视频不需要你们自己动手、动脑，只需睁开眼睛，就可以轻轻松松地获得简单的快乐。而且这些短视频社交软件上的短视频内容良莠不齐，有些内容根本不适合你们孩子。现实中有些小女孩在这些小视频的影响下，逐渐养成了化浓妆、唱低俗歌曲等不好的行为习惯。除此之外，妈妈还担心，这些娱乐软件还会让你陷入"刷礼物"的泥潭里走不出来。不信的话，你就先来看看下面这个真实案例吧。

章女士的女儿悠悠今年10岁，正上小学三年级。在章女士眼里，悠悠是一个懂事的孩子，学习也比较认真。为了方便孩子上网查询一些资料，以便更好地完成作业，2019年年初，章女士把一部旧手机放在女儿身边，悠悠有时会用手机查询信息，章女士也会通过手机帮孩子购买一些学习用品和书籍。女儿完成作业后，章女士也会允许孩子玩一会儿手机。但到4月初，章女士发现女儿这段时间作业完成的情况不太好，学习效率也比较低，平时一个小时就能完成的作业，硬要拖到两个小时。于是，她批评了悠悠一通，随后收缴了女儿的手机。可是，就在翻看女儿的手机时，章女士吓了一跳，她发现微信中有大量的银行卡支出记录，支出的金额前后加起来竟有1.2万余元。经过询问，女儿承认自己背着家人，把钱充值在"××小视频"里"刷礼物"了。她经常打赏给自己喜欢的主播，通过交易记录，章女士发现女儿最多一次转出了1598元。章女士打开"××小视频"看到，平台里流通的是一种虚拟货币"钻石"，花钱买的"钻石"可以购买各种"礼物"送给主播。

女儿，如果你觉得这些娱乐软件能让你在紧张的学习之余放松一下的话，妈妈并不反对你适度地玩一会儿，但是请你千万不要沉迷其中，让这些娱乐方式左右你的生活和学习。案例中的悠悠原本是一个认真学习、乖巧懂事的好孩子，可是当她沉迷于一些小视频之后，便不再好好写作业，甚至背着家人将父母的辛苦钱偷偷购买了"钻石"来给主播刷礼物。如果悠悠在刚开始接触这些小视频时能做到适可而止的话，那么就不会给自己的学习以及家庭财产带来损失。因此，妈妈希望你能在接触这些娱乐软件时保持一颗清醒的头脑，千万不要掉入下面这几个陷阱里。

1.请对无底线的恶搞说"NO"

在很多短视频社交软件上，经常可以看到一些没有原则的恶搞行为，比如仅仅为了好玩，就给出生几个月大的婴儿头面部盖毛巾，婴儿因为无力挪动毛巾而痛苦得哇哇大哭，而身边的大人却把视频拍下来供人取乐；还有一些短视

频社交软件为了吸引流量，甚至播放一些虐待老人、残疾人的搞怪视频，这些视频都是没有底线的恶搞行为。女儿，面对这些没有道德底线的视频，你一定要坚决地说"NO"，千万不要让自己变成麻木不仁的冷血人。

2.不要随意模仿视频中的危险动作

女儿，有一些短视频社交软件为了吸引眼球，甚至会播出一些危险系数很大的动作，比如攀岩、高空速降等极限运动。你在观看这些视频内容时，一定要保持理智和清醒，千万不要为了追求刺激就盲目跟风、模仿。要知道，这些视频中的很多动作都是在重重保护下进行的，你看到的只是他们呈现出来的危险动作，对于背后的防护措施却没有了解到位。一旦盲目跟风模仿，很容易让自己陷入危险之中，有时甚至会付出生命的代价。

3.拒绝观看虐待动物、吵架、骂人等恶俗视频内容

女儿，有一些短视频社交软件为了追求高流量，还会播放一些虐待动物、吵架、骂人的视频内容，这些内容既不文明，也不健康。你在接触这些娱乐软件时，千万要远离这类恶俗的视频内容，千万不要为了追求刺激而点开观看。如果你长期受这类恶俗内容的影响，潜移默化之下，也有可能会变成人格扭曲、三观不正的人。

4.观看娱乐视频的时间一定要适当

女儿，在紧张的学习之余，偶尔找点儿娱乐视频调节一下紧张的学习生活无可厚非，但是你要注意，观看娱乐视频的时间一定要适当、合理，千万不要长时间沉迷其中，否则一旦养成习惯，就很难放手。妈妈建议你不妨给自己规定一个合适的观看时间，比如一周观看娱乐视频的时间最好不要超过一个小时，一旦超出时间，就立即提醒自己及时退出。

女儿，适合你的娱乐方式有很多种，妈妈希望你在业余时间多接触一些积极健康的娱乐项目，比如游泳、下棋等等，千万不要让自己沉溺于低俗的娱乐软件之中，被这些低级趣味所左右。

网络直播伤不起，小孩子要远离

女儿，现在各种各样的"网红"层出不穷，甚至由此衍生出了一个新的名词，叫作"网红经济"。只要拥有一台电脑、一个摄像头，或者一个智能手机，每个人都有成为"网红"的可能性。在"网红"潮流的涌动下，很多人摇身一变，开始玩起了网络直播，这其中不乏一些刚上小学的孩子。这些孩子在网络直播中展示自己的才艺、生活和隐私，虽说在一定程度上锻炼了自己的表达能力或展示了自己的才艺，但却牺牲了他们原本纯真的天性和更有意义的生活。

目前的网络直播市场还不太规范，一些直播平台或者直播内容容易带来负面影响，尤其是对涉世未深的孩子而言更是如此。网上曾经流传着这样一段视频：一位小女孩在某直播平台上摇头晃脑地唱歌，做着各种可爱的动作。然而，她并不知道，她身后的妈妈洗澡的全部过程也被无意中录了下来。这段视频仅在某网站上，播放量就高达89万次，给她自己和家人都带来了巨大的负面影响。还有的小女孩在"成名"利益的驱使下，竟然在自己的直播间里直播化妆、文身、跳热舞、脱衣等内容，她们根本不知道这些行为对年幼的自己究竟有多大伤害。女儿，你不妨先看看下面这个有关网络直播的案例吧。

2018年，李女士发现自己9岁的女儿川川经常会念念有词，有时还会手舞足蹈。刚开始，李女士以为女儿是跟着电视里的歌舞节目学的，或者是同学间新流行的游戏。仔细听后，李女士才发现女儿在唱低俗歌曲。

李女士说，女儿最近不仅迷上了唱一些低俗歌曲，还学会了在直播平台上录视频上传，跟粉丝互动。这也正是李女士担心的。川川原本学习非常认真，可是自从迷上了网络直播之后，心思好像全部放在了这部手机上面。翻开川川的作业本，李女士看到上面的字写得歪歪扭扭，有几个题目还答非所问，一看就是心不在焉应付写完的。除此之外，川川在穿着打扮方面也比之前更加成熟了。川川偶尔兴奋的时候还会在家里大喊"哇，我今天又涨了不少粉丝""哇，又有人给我留言了。"而当李女士试图提醒她"加这么多粉丝没有用时"，川川顿时就很不开心，还耍起了脾气，认为妈妈不能理解自己的"梦想"。

女儿，案例中的川川自从迷上网络直播之后，便不再把心思放在学习上面了，就连作业都写得马马虎虎。妈妈一跟她沟通交流，她就抱怨妈妈不理解自己想成名的"梦想"。细想之下，这是一件多么可怕的事情啊，原本正该在校园里认真学习的小女孩，却幻想有一天通过网络直播成为所谓的"明星"，这不是本末倒置了吗？女儿，妈妈希望你远离网络直播，做一个简单、快乐、单纯的女孩，千万不要像案例中的川川那样，做不切实际的明星梦。

随着网络直播的行业越来越红火，妈妈想要彻底禁止你接触直播，几乎是一件不可能的事情。不过，妈妈希望你有朝一日在接触网络直播时，能够保持一颗清醒的头脑，一定要注意遵守下面几个直播规则。

1.不妨直播一些积极健康的内容

女儿，如果你有一天非常想做网络直播的话，妈妈建议你不妨直播一些积极健康的内容，比如你可以把自己每天学习到的新知识直播到网络平台上，让更多的孩子从中受益。媒体曾经报道过一个小学生，他在直播间里每天都会用手机给同学们讲解题目，这样的直播，不仅让他感受到了学习的乐趣，还帮助了很多学习有困难的小朋友，这是一种非常有意义的直播。女儿，希望你今后也能多做一些这样有意义的直播，促进大家共同进步。

2.不要追求不切实际的"网红梦"

女儿，作为一名小学生，要想通过网络直播获取名利，无异于构建"海市蜃楼"。与其花费大量的时间、金钱去追求这些不切实际的幻想，不如将时间和金钱用在更有意义的地方。比如，你可以带领同学多去敬老院、福利院做一些有意义的志愿活动，然后再将你们的爱心行动直播出去，让更多的人参与到助人为乐的志愿活动中来。对于一个小学生而言，成为一个助人为乐的"小雷锋"，远比成为网络世界里的"小网红"要有价值得多。

3.网络直播的底线不能碰

小学生在做网络直播时，有一些基本的底线无论如何都不能触碰，比如不能浓妆艳抹、搔首弄姿，也不能为了吸引眼球而不惜出卖自己的隐私和肉体。一旦这样做了，就会让原本单纯快乐的生活变得混乱不堪。凡事都要讲究规则和底线，网络直播也是如此，不要试图尝试任何触犯法律和道德底线的事情，否则便等同于玩火自焚，让你的生活变得狼狈不堪。

女儿，妈妈说了这么多，只想告诉你，作为小学生，你一定要远离这些与你们年龄并不符合的网络直播平台。

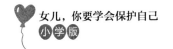

慎用社交软件上的定位功能

近几年，随着网络和定位技术的发展，越来越多的家长开始给自己的孩子配置带定位功能的手表或者手机，以便及时查看孩子的具体位置，确保孩子在遇到危险时能第一时间得到救助。可是，使用定位工具可能存在一个安全隐患，这个隐患往往容易被大多数家长所忽略，它就是隐私泄露。要知道，带有定位功能的电话手表相当于一台简化的智能手机，电话手表内部安装了信息传输的软件，能将孩子存储在手表中的图片、文字、语音等信息泄露给第三方。第三方一旦获取了孩子的这些相关信息，就有可能让孩子随时处于被人监视的危险之中。

除了带定位功能的电话手表之外，手机中的"位置共享"或"定位"等工具也会让孩子陷入被人追踪的危险之中。举个例子，一旦你开启了定位功能，哪怕你随手在微信朋友圈发一张图片，对方也可以根据你发出的图片找到你所处的具体位置。女儿，鉴于这些可能存在的安全隐患，妈妈并不建议你随时随地开启智能手表及微信、QQ等社交软件上的定位功能，以免你的隐私信息被陌生人追踪到。下面，你先来看一个因手机定位所引发的勒索案件。

2012年，上海浦东某派出所民警在"法制教育进校园"的课堂上向同学们通

报了这样一起案件。一名学生因习惯用手机在社交网站上"签到"，无意中透露了自己的行踪，结果遭遇三名校外人员抢劫。所幸当时路上行人比较多，这名学生大声呼救，吓跑了试图抢劫的一男两女，他的手机最终没被抢走，只是被对方重重地摔在了地上。民警通报说，平时有很多同学在外面碰到好吃、好玩的东西或者有意思的事情时，都习惯用手机标注一下自己所处的位置——"我在……"，希望借此与好友分享一下实时动态，然而这样的做法却存在很大的安全隐患，很容易被不法分子用来追踪。除此之外，微信也可以通过GPS定位查找到附近千米范围内使用微信的用户，同样会给不法分子可乘之机。因此，民警告诫同学们，平时一定要慎用社交软件上的定位工具。

女儿，看完民警同志通报的这个真实案件之后，你应该对社交软件的定位功能有一个清晰的认识了吧。不错，定位功能可以及时让爸爸妈妈以及你身边的朋友获取你详细的位置信息。然而，与此同时，这种功能也容易将你的个人信息暴露给不法分子。一旦不法分子掌握了你的位置信息，就有可能施实违法犯罪活动，威胁到你的财产安全和人身安全。因此，妈妈建议你慎用社交软件上的定位功能，平时上下学之后，按照既定路线早点儿回家，减少在外暴露自己行踪的时间。平时，在使用微信、QQ等社交软件时，一定要注意以下几个安全事项。

1.手机的"位置信息"不要一直开启

女儿，在平时的生活中，你难免会碰到一些需要打开手机"位置信息"也就是"GPS"定位系统功能的时刻，比如你需要它来搜索最近的餐厅，需要它来帮你规划行走路线，这种情况下，你可以开启这个功能。但是，等你到达目的地之后，请记得关闭这个定位功能，以免被不法分子盯上。

2.不要下载来源不明的定位软件

在下载定位软件时，不要选择那些来源不明、知名度不高的定位软件，这些定位软件的安全性无法保证。这些没有安全保障的定位软件具有很大的安全

隐患，不仅能被个人非法使用，还有可能成为调查公司、讨债公司实施不法行为的帮凶。之前有媒体报道，有些定位软件可以通过出卖你的个人信息来牟利，当你在线时，定位一次只要1元钱；如果你不在线，只需10元钱也同样可以追踪到你的位置。所以，女儿，如果你在生活中确实需要下载定位软件，请千万记得要下载有安全保障的知名定位软件。

3.最好关闭微信等社交软件上的"所在位置"功能

女儿，微信上的"所在位置"功能，可以让你的朋友们知道你在什么地方游玩、就餐，但是别忘了，你朋友圈里的"陌生人"也可以通过你发布的图片或信息得知你所在的位置，这很容易让对你存有非法企图的陌生人通过这个功能找到你。另外，如果有小偷或别有用心者知道你和爸爸妈妈在外旅行的话，很可能会为他们进入家中行窃创造便利条件。因此，女儿，你在使用微信等社交软件时，最好关闭"所在位置"功能。

女儿，现在的你应该明白，社交软件上的定位功在给你提供生活便利的同时，也潜藏着极大的安全隐患了吧。妈妈希望你能在平时生活中慎用这些定位功能，千万不要给不法分子追踪你的机会。

跟陌生网友见面，要有家人陪同

女儿，我们在上网聊天时，经常会有"久逢知己"的感觉，这个时候，你便产生了想要跟网友见一面的想法，觉得万一能从网友发展成真正的朋友，该有多好。妈妈承认，这样的想法也很正常，因为网络世界毕竟虚幻神秘，只有在现实世界里见到对方之后，才能对对方有个更加清晰的认识。然而，看似美好的想法背后，其实暗藏着许多欺骗和伤害。很多女孩靠着在网上积攒的那一点儿好感，便贸然跑去跟网友见面，结果却发现迎接自己的是一场噩梦。

女儿，如果你有一天在网上碰到了"相见恨晚"的网友，觉得对方和自己志趣相投，三观契合，非常想跟网友见一面，看看对方究竟是一个怎样的人，那么妈妈虽然不太支持你的做法，但依然会考虑陪同你前往。

不过，对于这个陪同前往的建议，你未必会表示欢迎，因为你在现实生活中很少见到由家人陪同去见陌生网友的情况。妈妈想说的是，跟陌生网友见面，本就充满了危险和不确定性，妈妈绝对不会赞同你抛下人身安全，去见一个随时随地都有可能伤害你的陌生人。现实中因为去见陌生网友而受到伤害的案例，实在是太多了，哪怕有一丁点儿的危险，妈妈都不愿意你去经历。下面这个案例，你来看一下吧。

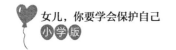
2019年4月，郑州一名11岁女孩小苗在网络游戏中认识了20岁的青年男子梅某。据民警调查得知，小苗和梅某是通过一款网络游戏认识的。经过几天的聊天，两人逐渐熟络，梅某便伺机引诱小苗出来与其见面。4月2日晚上，梅某约小苗见面之后，在村外一处空地上，强行与小苗发生了性关系。第二天，小苗的父亲发现女儿状态不太正常，询问之下，女儿才说出了实情。小苗的父亲了解了事情经过之后，第一时间拨打了报警电话。

女儿，诸如小苗这样的悲剧，现实生活中并不少见，年幼的小苗只不过跟对方打了几天网络游戏，便贸然答应了对方约她出来的请求，实在是太鲁莽了。妈妈不敢想象，如果你有一天背着家人偷偷地跑去见陌生网友，万一发生了小苗这样的悲剧，该怎么办？因此，妈妈希望你时刻把自己的人身安全放在最重要的位置，千万不要因为害怕丢脸就拒绝家人陪你前往的要求。等你遇到危险的时候，就会知道有家人在背后悄悄陪伴你，是一件多么幸福的事情了。

妈妈建议，如果你有一天真的想去跟陌生网友见面，一定要做好以下几个安全防范措施。

1.让家人偷偷地跟着你

女儿，你在跟陌生网友见面时，应尽量把见面地点约在公共场所，并且应该主动邀请家人陪伴。如果你觉得带着家人一起赴约是一件尴尬的事情，那么你完全可以跟家人好好商量一下，让家人选择在离你不远的地方点一杯饮料，全程陪伴着你。这样的话，你就可以安心地跟网友聊天，一旦约见过程中遇到突发的危险，家人也好及时帮助你。

2.不要答应对方去私密场所赴约的要求

女儿，如果对方拒绝了你在公共场所见面的要求，而想跟你在酒店、旅馆、酒吧、居民楼等比较私密的场所见面的话，你一定要毫不犹豫地拒绝掉对方的请求。对方这么做，明显是想诱骗你去一个隐蔽的地方，在那种地方，即便你遇到什么危险，也无法及时脱身。在这种情况下，即便有家人在户外等着你，也无法完全消除危险因素，所以这种地方你还是不去为好。

3.即便对方是"女网友"，也不要放松警惕

如果对方的资料显示自己是个"女孩"，你也不应放松警惕，认为和女孩见面应该没什么太大的危险。要知道，网上的个人信息完全可以造假，年过半百的爷爷可以伪装成风度翩翩的少年，一个流里流气的小混混摇身一变，也可以成为饱读诗书的文艺女青年。千万不要相信对方在网上的自我介绍，网络世界里的信息真真假假，很难分辨，即便对方是个女孩，你也应该保持警惕，不能轻易赴约，以免上当受骗。

女儿，尽管和陌生网友见面有一定的危险，但妈妈觉得还是应该尊重你结交朋友的想法和意愿，所以并不想剥夺你跟网友见面的权利。但是妈妈希望你在跟陌生网友见面时，能始终把自己的人身安全放在最重要的位置上，在赴约时邀请家人陪同前往。

接到"熟人"借钱、邀约等信息，一定要核实

女儿，不知道你有没发现，自从有了微信或QQ这些社交软件之后，大家互相拨打电话的时间，或者面对面约会聊天的时间都少了很多，万一有事，拿起手机，通过微信发几条文字信息或者语音信息即可。这样的沟通方式的确方便又省事，然而，它在给我们提供便捷沟通的同时，也存在着很大的安全隐患。比如，你的微信接收到了一条文字信息，此时的你并不能确定在微信那端发来信息的人，究竟是不是你的朋友或同学本人。在这种情况下，信息的真实性就成了一个问题。

妈妈在这里想跟你分享一个发生在我身上的真实事件。去年有一天，妈妈在登录QQ时，无意中收到了一条来自朋友的信息，对方在QQ中询问妈妈："你最近在北京吧？"妈妈看到信息，想也没想便回复说"在呢！"紧接着，对方又发来了一条信息说："我前几天刚刚买了车，手头有点儿紧，你方便给我转一万块钱吗？"妈妈正想跟对方要账号的时候，突然犯起了嘀咕，这个朋友知道我的手机号，如果真的需要借钱的话，应该打电话直接跟我沟通吧？想到这里，妈妈决定还是亲自打个电话核实一下比较好。结果令妈妈诧异的是，电话那头的朋友并没有在QQ里跟我借过钱。我们俩几乎不约而同地反应过来：她的QQ号被盗了！

女儿，妈妈在事后暗自庆幸，如果当时想也不想就按照对方提供的账号汇了钱，那这笔钱岂不是竹篮打水一场空了？再者，如果我不能及时发现这个骗局，那么朋友也不能及时在QQ上面提醒其他的朋友注意防范，就会有更多的朋友上当受骗。女儿，妈妈希望你在使用微信等社交软件时，也能多个心眼儿，万一收到"熟人"借钱、邀约的信息，一定要核实一下，千万不要贸然行动。否则，一旦上当受骗，你损失的将不仅是金钱，有的时候甚至还会遭到陌生网友的侵犯。

卓某初中毕业后便终日在网吧里混。2011年4月20日，他通过朋友介绍，在网上认识了正在上小学的五年级学生阿丹。性格开朗的阿丹对卓某毫无防备，便将自己的个人信息统统告诉了罗某。两人在网上相谈甚欢，并互留了电话号码。2011年4月22日晚6点左右，卓某拨通了阿丹的电话，邀其见面。阿丹没有多想，便答应了。见到天真可爱的阿丹，卓某顿生邪念，于是便找个借口，将阿丹骗到其租住处。一进门，卓某便将门反锁，阿丹突然明白了事态的严重性，便哀求卓某开门让她回家，但卓某不顾她的反抗强行侵犯了她。事后，卓某还拿出手机拍下阿丹的裸照，以此威胁阿丹，让她给他3000元钱和一部手机。被逼无奈的阿丹，最后只得向公安机关报了案。

女儿，案例中的阿丹，通过朋友介绍认识了卓某，和卓某在QQ上聊了两天，就把对方当作了"熟人"，收到对方的邀约，想也没想就前去赴约，结果不仅遭到了对方的侵犯，还被对方拍下裸照，勒索钱财。女儿，这个案例提醒你，下次遇到所谓的"熟人"找你借钱、邀你约会的情况时，你一定要核实对方的真实身份，千万不要随意答应对方的请求，以免上当受骗。妈妈建议，如果有"熟人"提出了借钱或见面的请求，你可以通过以下几个办法来核实。

1.有人"借钱"，一定要亲自打电话核实

女儿，如果你收到了对方发来的借钱信息，无论涉及的金钱数额有多少，

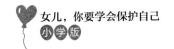
你都不应该未经核实就按照对方提供的账号转账。在这种情况下，你一定要亲自打电话向对方核实，以防对方的微信或QQ账号被陌生人盗取。在确定好对方的身份之后，你还要核实一下相应的银行账号，看是否为他本人的银行账号。如果不是的话，你应该打电话问清缘由，劝说对方最好提供他本人的银行账号，以免引发不必要的经济纠纷。

2.对方邀你出去，最好选择公开场合见面

女儿，如果有相识不久的朋友约你出去，你最好找个理由拒绝掉。万一不好拒绝，也要跟对方商量一下，一定要把约会地点选择在人流众多的公开场合，这样起码可以确保你的人身安全。如果饭后，对方提出要带你去他的住所或其他地方接着聊天，你千万不要答应他的请求，因为你一旦离开公开场合，就很容易碰到像案例中的阿丹那样的遭遇，被坏人控制，无法脱身。

女儿，你要知道，你所认为的"熟人"有的时候并不是那么可靠的，这样的"熟人"有可能是盗取别人账号的坏人，也有可能是混迹在网络世界的小混混。你千万不要觉得自己和对方聊了几天，就算是可以交心的朋友了。如果你轻而易举地相信了对方，就很有可能搭上自己的财物，甚至是人身安全。

天上不会掉馅饼，当心各类"大奖"砸中你

女儿，从你接触网络的那一天开始，你就要明白，天上绝对不会出现掉馅饼的好事。倘若有系统提示你获得了什么"大奖"，你一定要保持理智，千万不要鬼迷心窍地点进去领取"奖金"。一旦你这么做了，非常有可能上当受骗。

别说是网络上的"大奖"诱惑，有时候妈妈带你去商场购物，我们也经常会收到店铺发放的各种优惠大奖。比如"买一送一"，等你兴高采烈地以为真的可以买一送一的时候，店员就会马上告知你，这张优惠券只能在下次消费时使用，而且只有等购买了足够数额的商品时，才能使用这张优惠券。如果你仔细想想的话，就会发现，这些看似很诱人的"奖品"或"优惠"，实则是商家的一种促销手段，诱导你付出更大的代价去换取这个所谓的"大奖"。

女儿，网络世界里的"大奖"也是如此，每天上网聊天的网友那么多，你仔细想想，为何"大奖"偏偏砸中了你呢？如果你多和身边的同学交流一下，你就会发现，原来他们也几乎都被"大奖"砸中过。女儿，说到这里你就明白了吧，天上不会掉馅饼，你千万要当心各类"大奖"，不要被这些低级的骗局砸昏了头脑，否则你可能会上当受骗。不信的话，就先看看下面的这个案例吧。

2018年10月，正在上小学的琴琴在网上搜索到了她的偶像'王某某'的QQ号，便申请了添加好友。没想到，偶像竟然通过了她的好友申请，而且对她异常热情，不仅和她聊天谈心，还给她发了很多生活照、工作照。琴琴觉得自己遇到了"天上掉馅饼"的好事。

由于对方陆续发了不少近照给琴琴，心思单纯的琴琴便对他是"王某某"这件事深信不疑。很快，"王某某"表示最近有粉丝福利充值反馈活动，充100元可以返500元。琴琴觉得自己非常幸运，便欣然答应了偶像的建议，没多想就拿起家人的手机微信扫码支付，其后又按照对方要求缴纳了保证金、激活费等费用，共8000多元。后来，直到琴琴家人手机绑定的银行卡提示余额不足，他们这才发现琴琴被人骗了，于是急忙报了警。

女儿，案例中的琴琴觉得自己非常幸运，不仅得到了偶像的青睐，还恰巧碰到了"充100返500"的粉丝充值福利，于是便毫不犹豫地按照对方的指示，一步步汇去了8000多元。如果在一开始的时候，琴琴能够保持清醒的头脑，想一想偶像怎么可能无缘无故对一个普通的小粉丝如此热情的话，那么她就能及时走出骗局。退一万步说，即便琴琴不知道对方是否真的是偶像本人，一旦对方找理由让她转账的时候，也应该反应过来，这是一个非常常见的骗局。可是琴琴完全被幸运冲昏了头脑，结果错失了两次质疑的机会，分多次给对方汇去了8000多元。女儿，妈妈希望你能引以为戒，时刻提醒自己当心砸中你的各类"大奖"。在现实生活中遇到各种"幸运"时，你应该这么做：

1.遇到"中奖"的事情，多征询父母的意见

女儿，如果你在生活中遇到了被"大奖"砸中的幸运事件，千万要按捺住激动的内心，找父母商量一下接下来该怎么办。父母比你更有生活经验，一看"大奖"就知道它是不是一个骗局，而且父母还能帮你分析一下这是一个什么样的骗局，打算通过怎样的方式欺骗你。了解了这个骗局之后，下次再遇到类似的事情，你就不会轻易上当了。

2."以钱换钱"的便宜千万不要占

女儿，今后遇到"以钱换钱"的便宜，千万不要占，这很可能是一个骗局。案例中的琴琴为了得到一个"充100返500"的福利，结果支付了保证金、激活费等一大堆金钱。这个案例提醒你，一旦涉及"以钱换钱"的便宜，无论对方如何跟你解释、辩解，统统不要答应他们的要求。你要知道，对方这么做，无非就是抛下来一个大大的"诱饵"，等着你一步步地上钩呢。

3.努力做一个脚踏实地的好孩子

女儿，中国有一句老话，叫作"付出才会有回报"，意思是你想要的任何东西都要通过自己的辛苦付出才能得到。一般情况下，只有好吃懒做的人才会整天想着天上掉馅饼的好事。而一个脚踏实地的人想要吃"馅饼"，肯定会想办法通过自己的努力去获取。这样的人在面对各种"大奖"的诱惑时，通常都能保持一种淡定的心态。因此，从现在开始，你应该努力做一个脚踏实地的好孩子，千万不要把希望寄托在无谓的"中大奖"上面。

女儿，社会上的骗局总是层出不穷的，你今天绕开了这个骗局，明天说不定就会碰到另外一个骗局，釜底抽薪的办法只有一个，那就是不要随意相信天上掉馅饼的好事，自己想要的任何东西，都应该通过自己的辛苦努力去获取，而不是寄希望于藏着"诱饵"的运气。

玩手机要当心"不知不觉"被扣费

女儿，现在很多手机软件都开通了各种各样的支付功能，出门在外，输入密码或者指纹就能轻轻松松地支付相应的费用。然而，正因为手机支付非常方便，我们在使用手机时更要注意安全，否则稍不注意，就有可能被扣费。

之前，有一位朋友就碰到过"不知不觉"被扣费的情况。有一天，这位朋友突然收到了这样一条祝福短信，"虽然大家许久不曾联系，但我们之间的友谊却会长存，值此中秋佳节之际，特向老同学送上最诚挚的祝福和问候……"当时收到这条短信时，这位朋友还以为对方是一个失去联络的同学。出于好奇，她便回了几条短信，想要弄清楚对方到底是哪位老同学，结果发的几条短信没人回复，她才隐隐感觉到了不对劲，结果一查手机话费已经被扣去了几十块钱。女儿，类似这样的扣费陷阱比比皆是，你在使用手机时一定要多加注意，千万不要下载那些乱七八糟的软件，也不要将银行卡绑定在手机上，以免在"不知不觉"中就被扣了费。下面，我们就一起来看看这个案例吧。

2018年7月，青岛市民王女士向报社反映，自己陆续收到了数十条信用卡消费短信，最多的一笔达到了648元。最开始她还以为是孩子爸爸刷的信用卡，后来经过了解，发现对方并未刷卡。于是他们便去问7岁的女儿小静，小静说，她之前都在玩××应用商店里面的一款全英文的跑酷游戏，之前没有绑定信用卡的时候都是没有产生费用的，她也不清楚怎么就扣费了。面对父母的询问，小静也觉得十分冤枉。记者打开××应用商店发现，在游戏的下载页面确实没有收费的选项。于是，王女士就向××客服进行咨询，看看能否退费，××客服经过查询，同意了王女士的退费要求。但王女士发现，自己在提交退款的时候，对方的系统内部总是显示给退回，一直退不了钱。

女儿，案例中的小静并不知道手机上的支付密码，在刚开始玩游戏的时候也没有收到过收费要求，但是却依然被莫名其妙地扣掉了4000多元。幸亏小静妈妈及时发现了异常，否则任凭小静玩下去，还不知道要被扣掉多少钱。女儿，你也经常会用爸爸妈妈的手机玩游戏，这个事情可以给你敲个警钟。你下次在用手机玩游戏时，一定要事先让爸爸妈妈检查一下游戏软件有无异常，以免在玩游戏的时候不知不觉被扣掉很多钱。女儿，你平时在使用手机时，一定要小心谨慎，别让手机变成"吃钱"的工具，你一定要认真看看下面几个注意事项。

1.手机上的游戏，最好交由父母先试玩

女儿，未经父母的同意，最好不要使用父母的手机来玩游戏。即使想玩游戏，也应该交由父母先来试玩一下，看看这个游戏软件是否收费，或者收费是否合理。只有在父母确认了游戏正常的情况下，你才可以放心玩。另外，平时玩游戏时，一定不要自己去应用商店里选择游戏软件，而应交由父母来选择、下载。

2.应主动关闭微信的"自动扣费"功能

微信的"支付管理"里有一项功能，是"自动扣费"，当你使用了某一项服务之后，微信就会按月自动扣除相应的费用。比如你申请了某个视频网站的会员，为了方便就开通了"自动扣费"功能，那么微信每个月就会扣除相应的会员费用。可是，万一你以后不想继续开通会员了，微信的这项"自动扣费"

功能却依然会自动扣除这笔费用。因此为了你的财物安全，你最好主动关闭掉微信的这个"自动扣费"功能。

3.最好选择用密码支付的方式来付款

女儿，虽说现在的很多手机都有了指纹支付的功能，在支付时，只需输个指纹就可以了，但是这样的支付手段很容易造成操作失误。万一你不小心误碰了指纹区域，钱很快就糊里糊涂地没了，后悔也来不及。因此，为了确保你的支付安全，你在使用手机支付时，最好选择用密码支付的方式来付款。

总而言之，女儿，你在使用手机时，稍不注意就会面临不知不觉被扣钱的问题，为了确保你的财物安全，平时在使用手机玩游戏或支付款项时，你一定要慎之又慎，千万不要掉入各种各样的"吃钱"陷阱里。

第八章

女孩最好的防卫武器是自己

　　女儿，妈妈希望你能成为一个自尊自爱、内心强大、聪慧勇敢的小姑娘，这样的你，才能懂得如何分辨危险，才能懂得危险来临时如何自救，才能懂得如何将遭受到的伤害降到最低。要成为这样的女孩，你不仅要储备足够多的安全知识，还要时不时地和家人、同学一起进行安全演练。

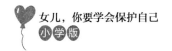
自尊自爱是保护自己最有效的前提

女儿，妈妈经常跟你说，女孩子要自尊自爱，因为自尊自爱的女孩可以给自己树立一道无形的防护网，将那些试图欺骗你、诱惑你、欺负你的坏人通通挡在防护网之外。

一个自尊自爱的女孩，浑身都散发着自信的光芒，无论在成长的过程中遇到怎样的嘲讽和奚落，都能够淡然一笑，不被流言蜚语所困扰；一个自尊自爱的女孩，不会被别人的金钱、物质所引诱，糊里糊涂地出卖自己的身体；一个自尊自爱的女孩，不会盲目攀比，也不爱慕虚荣，她更在意自己过的每一天是否有价值、有意义；一个自尊自爱的女孩，在跟异性交往时，永远能保持一个恰当的分寸，不会让别人误解自己，也不会让自己陷入流言蜚语的狼狈之中。

女儿，妈妈非常希望你有一天可以变成这样一个自尊自爱的女孩，因为自尊自爱才是让你远离危险最基本的前提。可是现实生活有太多太多的女孩，她们在成长的过程中因为不能很好地理解"自尊自爱"的深刻含义，从而让自己陷入了各种各样的危险之中。下面这个案例中的小女孩，仅仅因为别人的一句"不用辛苦上班也可以赚到很多钱"的诱惑，就被骗去了KTV陪酒，事情是这样的：

21岁的罗某在江西亲戚家中认识了在南昌市某小学读书的六年级学生小丽，

由于罗某曾到漳州一些娱乐场所打过工，因而萌生了将小丽带到福建漳州的娱乐场所陪酒的念头。2013年7月19日，罗某以"外面的沿海城市很舒服、很好玩""不用辛苦上班也可以赚到很多钱"为诱饵，将小丽从江西某地拐骗至漳州市区。7月20日晚，罗某将小丽带至某KTV内，还给小丽起了个艺名"芭比"，让其进行有偿陪侍，主要是在包厢内陪男性客人唱歌、跳舞、喝酒。进入KTV之后，小丽才发觉这样的生活跟自己想象中的"舒服生活"差距很大，便偷偷地打电话将自己的经历告诉了家人。7月22日，小丽的家人向警方报案，警方接到报案后迅速查到了该KTV，并将小丽解救出来。

女儿，如果案例中的小丽能够自尊自爱，面对外面的世界不抱有幻想的话，她就不会被罗某骗去KTV陪男性客人唱歌、跳舞、喝酒。"外面的沿海城市很舒服、很好玩"，面对罗某这样的诱惑，小丽没有想一想，自己作为一个正在上学的小学生，一没工作，二没钱，怎么能平白无故地跟着别人去享受呢？天下没有免费的午餐，如果小丽能够保持头脑清醒的话，就不会轻易相信罗某了。还有，"不用辛苦上班也可以赚到很多钱"，面对罗某的进一步诱惑，小丽也没有想一想，自己刚上小学，既没技术也没什么文化，怎么可能找到这样一份好工作呢？如果小丽没有贪图享乐的想法，同样也不会轻易地被罗某骗了。另外，女儿，妈妈在这里要特别提醒你一下，我国法律禁止用人单位招用未满16周岁的未成年人，除非国家另有规定。这种情况下，你们这些孩子就更不要想着通过务工赚钱来享受了。

女儿，你现在能够理解妈妈所说的"自尊自爱才是保护自己最有力的武器"这句话了吧！如果你做到了自尊自爱，那么那些想要欺骗你、诱惑你的坏人，连接近你的机会都没有，也就没有办法伤害你了。要想做一个自尊自爱的女孩，妈妈希望你能在日常生活中注意以下几个方面。

1.始终把握好男女生相处的分界线

女儿，要想做一个自尊自爱的女孩，首要的一点就是把握好男女生相处的

分界线，再要好的男女同学，在日常相处中也应该注意自己的言行举止，不要随便和男孩勾肩搭背，也不要和某个男孩走得过近，以免让别人误会你是一个随便的女孩。如果你能在日常生活中养成自尊自爱的好习惯，那么有一天即使你面对陌生异性的诱惑和欺骗，也会自觉地与他保持距离。

2.除了生命之外，身体就是你最为宝贵的东西

现实生活中，很多女孩仅仅为了得到一点儿零花钱或者零食就遭受了坏人的威胁或性侵，年幼的她们不知道身体对自己而言有多么宝贵，所以才会遭到坏人一次又一次的侵犯。女儿，妈妈一直告诉你，对于一个女孩而言，除了生命之外，最为宝贵的东西就是身体了，它神圣不可亵渎，无论对方开出什么样的物质条件，你都不能出卖它。如果你能记住这一点的话，那么那些想要欺骗你的坏人就很难得逞。

3.一个自尊自爱的女孩，也会懂得尊重别人

一个自尊自爱的女孩，懂得如何尊重自己，同样也懂得如何尊重别人。中国有句老话叫作"己所不欲，勿施于人"，意思就是说你自己不喜欢的事情，就不要强加给别人，它告诉我们这样一个道理：凡事都要将心比心，自己想要得到别人的尊重，那么你在日常生活中首先就要学会尊重别人。女儿，一个自尊自爱的女孩，在学校懂得尊重每一位同学，不会因为别人的缺点而嘲笑对方，也不会在背后诋毁任何一个同学，这样的女孩，谁不喜欢呢？

女儿，为了让你懂得自尊自爱，在你小时候，妈妈就教育你，哪怕一根小小的棒棒糖，你都不能贪图别人的；长大了，你也应该懂得，再多的财物，只要不是你自己辛苦赚来的，你都不应该试图占有。只有你真正做到了自尊自爱，才能更好地保护好自己。

内心强大是保护自己最有力的武器

女儿，除了自尊自爱之外，妈妈还希望你能够做一个内心强大的女孩，因为一个内心强大的女孩在面对困难时不会一蹶不振，而是会想办法让自己尽快地走出困境；一个内心强大的女孩，在面对外界的流言蜚语时，不会痛不欲生，彷徨失落，而是会重整心情，笑着面对每一个在背后嘲笑她的人；一个内心强大的女孩，绝对不会因为一时的痛苦和失败就轻易结束自己宝贵的生命。因此，妈妈多么希望，我的女儿能做这样一个内心强大的女孩呀，因为这才是你保护自己最有力的武器。

小时候，你玩耍时不小心跌倒在地，一边号啕大哭，一边等着爸爸妈妈来帮你，我们却只是站在远处，笑着鼓励你："宝贝，你试着自己爬起来。"你最后还是擦干了眼泪，自己慢慢爬了起来。有了第一次的经验之后，下次你再跌倒时，就不会再哭泣着等别人来帮你了，而是自己快速地从地上爬起来，还会熟练地拍一拍衣服上的灰尘。女儿，就是通过这样一件又一件的小事，爸爸妈妈逐渐培养起了你"强大的内心"。

女儿，等你再长大一点儿，就开始上小学了，小学生活不再像幼儿园生活那样简单轻松，你每天回家要写作业，还需要在期末考试前复习备考，你慢慢有了学习方面的压力；慢慢地，你可能还会发现，身边的每个同学似乎都有着

不同的性格，当你做了一件事情之后，可能有些同学会发自内心地夸赞你，而有些同学则会躲在你的背后悄悄嘲讽你，在这种情况下，你慢慢就有了人际交往方面的压力；如果你稍不注意，和班里的男同学走近了一些时，就会有同学开始传播"风言风语"，弄得你很狼狈，无地自容。女儿，这个时候，能帮你走出困境的唯有你强大的内心，它可以让你在面对这些困难时，不再逃避彷徨，而是选择迎难而上。

现代社会，每个人都承受着一定的压力，一些幼小的孩子，因为没有一颗强大的内心，很容易被眼前的困难击倒，更有甚者最终选择了轻生。下面这个案例中的小女孩仅仅因为被老师怀疑偷了钱，就选择跳楼自杀以证清白。女儿，妈妈希望这样的事情永远不要发生在你身上。

2013年12月10日下午，某小学音乐老师谭某在五年级教室上音乐课期间，安排学生小敏到其办公室拿歌谱。放学后，谭某回到办公室发现其在办公桌左边抽屉最下面一格里存放的现金少了2000元，他怀疑是学生小敏偷拿的。于是谭某自行将小敏关在办公室进行询问，并打电话向派出所报了警。就在谭某叫来小敏家长准备一起调查情况时，小敏却突然从教学楼上跳了下去，导致全身脊椎、盆骨、双腿腿骨和踝骨骨折，她甚至昏迷了半小时，医生说以后还可能会留下后遗症。事后，警方经过调查，排除了小敏偷窃钱物的嫌疑，谭某最后也在抽屉里找到了另外存放的2000块钱。

女儿，被人诬陷偷钱，对一个小学女生而言，的确是一件比较难堪的事情。但是无论事情有多么严重，都没有自己的生命重要，因此没必要为了一件还没弄清楚的事情就草草结束自己的生命。拿案例中的小敏来说，即便承受了再大的委屈，都应该等自己的爸爸妈妈以及警察叔叔查明真相，还自己一个清白，而不能贸然用自杀的做法来逃避问题。如果小敏拥有一颗强大的内心，那么她在面对老师的质疑时，就不会仓促地以跳楼的方式了之。女儿，一个女孩想要拥有强大的内心，就要在平时生活中从这几方面磨炼自己。

1.学会独立去面对遇到的问题

女儿，你会慢慢长大，总要学着独自去处理人生中遇到的各种问题，父母不可能永远陪在你身边，保护你、呵护你。从现在开始，你就要逼着自己学会独立去面对遇到的一些问题。当问题出现之后，你应该迫使自己冷静下来，好好想一想接下来该做些什么事情，好让这些麻烦早点儿结束，而不是一遇到事情，就一蹶不振，选择逃避，这样做问题永远都得不到解决。

2.学会坦然地面对不公与失败

女儿，人生在世，难免会遇到一些不公与失败，面对不公和失败时，你要学着坦然接受，因为生活中没有绝对的公平和平等，也不全都是鲜花和掌声，每个人都应该学着接受这一切的不完美。当你失意时，你该学着笑对一切；当你成功时，你也该戒骄戒躁，更加努力。当你怀有一颗淡然之心时，就不会被别人的流言蜚语所伤害，更不会因为一时被误解而结束生命。

3.要学会好好地爱自己

女儿，你应该学会好好地爱自己，比任何人都要爱自己，只有这样，你才不会随便因为别人的刁难或误解而伤心流泪，因为这些事情根本无法影响你爱自己。女儿，如果你在生活中遇到了难以承受的压力，你依然要以自己的生命和健康为重，该吃饭时吃饭，该睡觉时睡觉，这样才能有饱满的精神去应对困难。你要知道，在困难面前，你痛哭流涕、茶饭不思，一点儿用处都没有，还不如先保护好自己的身体。

女儿，妈妈希望你能做一个内心强大的女孩，强大到没有任何困难可以击败你，没有任何坏人可以伤害你。妈妈知道，你的人生不可能永远没有眼泪和悲伤，但妈妈依然希望，你的人生里，微笑多过悲伤，快乐多过痛苦。

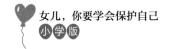
聪慧的大脑是自救的强有力保障

女儿，你要知道，爸爸妈妈不可能时时刻刻都陪伴在你身边保护你，很多时候，需要你自己来化解危险，摆脱困境。因此，你需要有一颗聪慧的大脑来帮助你快速想到自救的办法。聪慧的大脑并不是与生俱来的，而是需要你在日常生活中一点一滴地学习、锻炼。《乌鸦喝水》这个寓言故事，你很小的时候就已经知道了，口渴的乌鸦想要喝瓶子里的水，可是瓶子里的水不够高，于是它就想了一个聪明的办法，用嘴巴叼来一颗颗的小石子扔进瓶子里，结果瓶子里的水慢慢涨了上来，口渴的乌鸦终于喝到了水。女儿，妈妈希望你能像故事里的小乌鸦一样，在面对困难时能够发挥自己的智慧，因为这才是你自救的强有力保障。

有一次，妈妈和你一起观看安全教育视频时，看到了这样一个情景：一个小女孩刚进入电梯，电梯就开始剧烈抖动起来，并且快速往下坠落。女孩刚开始非常害怕，但没过几秒钟，她就迅速镇定下来，很快按下了沿途所有楼层的按钮，电梯最终有惊无险地降落到了一层。这是一个依靠聪慧的大脑成功自救的案例。女儿，它告诉我们一个道理：在遇到危险的时候，惊慌失措并不能解决任何问题，反而会让你错过最佳的自救时机；相反，你只有强迫自己冷静下来，积极调动自己的大脑，才有可能换来一线生机。接下来，你先看看下面这个案例吧。

2019年7月3日凌晨3时左右，江西省建昌镇一户居民家中突发火灾，3个孩子被困，其中年龄最大的姐姐小雅也只是一名小学生。那天他们的父母皆不在家，情况十分紧急。当时，小雅和弟弟、妹妹正躺在房间里睡觉，突然她被一股刺鼻的气味呛醒，发现自己房间的天花板上已经聚集了不少浓烟。于是，她赶紧打开卧室的房门往外看，发现客厅里全是烟浓看不清方向。她立刻喊醒弟弟妹妹，同时快速看了一下四周的环境，发现阳台上没有浓烟，于是赶紧带着弟弟和妹妹顺着阳台逃到另一个房间。虽然这个房间也聚集了一些烟雾，但是离家里的大门更近一些。此时，小雅的弟弟和妹妹已经被烟呛了几口，不停地咳嗽。于是，她赶紧让弟弟、妹妹弯下腰来，捂住口鼻，冲向门口。5秒钟后，3个孩子成功逃离了火场。

女儿，案例中的小雅只是一名小学生，可是她在遇到火灾时没有大声哭喊，而是冷静地观察了一下家里的着火情况，然后及时叫醒弟弟妹妹，将他们带到了一个烟雾最少的房间，然后还教弟弟、妹妹用正确的逃生办法——弯腰，捂住口鼻，快速逃离了火场。小雅堪称小学生依靠智慧和勇气成功自救的一个典范。女儿，妈妈希望你也能像这个案例中的小雅一样，遇到危险时能依靠聪慧的大脑来帮助自己逃离困境。在平时的生活中，你需要多留意一些科学的救援方法，以便你在遇到危险时，能找到最快捷有效的解决办法。要知道，这些平时积攒下来的救援小常识，在关键时候能救你的命！

1.遇到坏人时，切忌大喊大叫激怒对方

一般情况下，在遇到危险时，人的本能反应都是大喊大叫，惊慌失措，可是女儿，这不但不能帮你逃离困境，还会激怒坏人，让对方对你施加更严重的伤害。因此，女儿，你要记住，在遇到坏人时，千万不要大喊大叫，这只会让本来就恐慌不已的坏人变得情绪失控，做出无法预想的行为来。因此，越在危

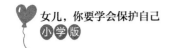

险的时候，你越要保持理智，想办法让自己冷静下来，找合适的话题和对方聊天、交流，然后趁对方放下戒心的时候，寻找机会求救或逃跑。

2.遇到突发情况，多想想以前掌握的求生知识

女儿，外出遇到突发情况时，你不要惊慌失措，而应该强迫自己冷静下来，多想想以前学习过的求生知识。无论是在学校学过的知识，还是在生活中积攒的小经验，都可以拿来试一试。说不定情急之下想到的方法反而能派上大用场呢！如果实在想不到求生办法，也不要自暴自弃，而应该努力想想其他的解决办法，不到最后一刻，千万别放弃自救的想法。

3.平时多学习一些急救小常识

女儿，你在平时的生活中应该多学习一些急救的小常识，比如火灾逃生技巧，落水后的注意事项，手指割破了应该怎么办，等等。总之，你平时掌握的急救小知识越多，你在遇到危险时自救成功的可能性也越大。案例中的小姑娘在遇到火灾时，之所以能够平平安安地带着弟弟、妹妹逃离险境，与她平时积累了很多火灾自救常识密不可分。因此，女儿，你在平时生活中，应该尽可能地多学习一些有用的急救小常识。

总而言之，女儿，妈妈希望你拥有一颗聪慧的大脑，因为它在关键时刻是你自救成功的有力保障。然而，聪慧的大脑并非与生俱来的，它与你平时的积累和训练密不可分。因此，妈妈希望你能从生活点滴入手，多为自己积累一些自救的小常识，让自己的安全多一份保障。

女孩一定要掌握的5大自我保护技巧

女儿，不瞒你说，在你小时候，妈妈曾想过让你学习跆拳道，这样你在遇到危险时多少也能保护一下自己。但后来，妈妈逐渐放弃了这个想法，因为与学习跆拳道相比，你更需要掌握的是一些自我保护技巧。更多的时候，女孩遇到的可能是潜在的、未知的危险，如果你没有足够丰富的自我保护技巧的话，也很难摆脱困境。因此，与学习跆拳道相比，妈妈更希望你能多掌握一些自我保护的技巧，这些技巧不仅可以让你及时避开那些可能给你造成伤害的行为，还可以让你在面对危险时懂得如何保护自己。

女儿，你对下面这件事情应该有很深的印象吧。

有一天，妈妈无意间浏览到了一条新闻，说是有个小男孩跟着爸爸一前一后地走在路上，结果一眨眼的工夫，一声惨叫之后，小男孩就消失不见了。爸爸急忙回头寻找，这才发现男孩"消失"的地方有一个丢了盖子的窨井，原来小男孩不小心失足落入了窨井之中。后来，小男孩的爸爸下井救援，但也没能救回他的生命。

听完这个故事之后，你便在心里默默地记住了这个教训，此后一碰到地面上有井盖的地方，你都会小心翼翼地绕道走开。有时候，妈妈不小心踩在了井盖上面，你也会着急地拉我一把，将我拉离那个危险的地方。女儿，你在这个

惨痛的案例中所吸取到的教训——"尽量不踩井盖"，就是你学习到的一个自我保护的小技巧。可是仅仅学到这一条自我保护技巧是远远不够的，生活中让你防不胜防的危险还有许多，有的时候处理稍不得当，就会让你付出惨痛的代价。下面，就和妈妈一起来看一个案例吧。

2019年8月，陕西乾县一名12岁的小女孩毛毛失踪了，她平时非常乖巧懂事。失踪12天之后，毛毛的尸体被找到——她被人杀害了，杀害她的犯罪嫌疑人不是别人，而是她的继父王某。据了解，毛毛生前曾多次遭到继父王某的性侵，可是她碍于情面，始终没有将此事告知自己的亲生父母。后来，随着年龄的增长，毛毛知道了继父那样对自己已经构成了犯罪。案发前，王某将毛毛带到村子里一所废弃的房子里，再次想性侵毛毛。这时的毛毛已经12岁了，她拼尽全力反抗王某，并且表示如果王某再胡来，她就去报警。王某当时害怕毛毛真的会去报警，担心自己做的丑事会败露，于是恶向胆边生，将毛毛打晕后扔进枯井，并用黄土掩埋了起来。

女儿，案例中的毛毛如果在遭到继父的第一次性侵时能够及时将这件事情告知自己的亲生父母的话，她也不会接二连三地遭到继父的侵害，更不会被继父残忍地夺去生命。如果毛毛能多了解一些自我保护的知识和技巧，能早一点儿知道继父对自己的行为意味着什么的话，她也许会早点儿反抗，不会给继父可乘之机。女儿，希望你能记住这个惨痛的案例，在平时生活中掌握好以下5个必备的自我保护技巧。

1.面对任何异性的骚扰，都要及时制止

女儿，任何时候，面对异性的骚扰，你都应该及时地大声制止，让对方看到你的勇气和态度，这样他反而会有所顾忌，及时收手。请记住，无论这个异性是你的亲戚、朋友还是老师，你都应该坚决地制止他。如果你在面对骚扰时表现得唯唯诺诺的话，那反而会助长对方的嚣张气焰，让他接二连三地继续伤害你。

2.不随便在坏人面前说"威胁"对方的话

女儿，现在的你，体力尚弱，远不是坏人的对手，因此在遇到危险时，千万不要因为冲动就说出"我要报警""我要告诉爸爸妈妈"这样威胁对方的话。要知道，你在坏人面前说出这些威胁的话，不仅不能及时制止他继续犯罪，还会让他狗急跳墙，做出更过分的举动来。

3.遇到侵害你的坏人，一定要及时报警

女儿，遇到侵害你的坏人，千万不要因为羞愧而选择默默忍受，这样做只会让对方继续无所顾忌地侵害你。因此，在事情发生之后，无论你多么痛苦，都应该及时报警，让坏人受到应有的惩罚，否则，世界上这样的侵害事件只会越来越多。

4.平时穿着不要太过暴露

女儿，作为一名小学女生，任何时候都不应该穿着太过暴露的衣服，这样的装扮不仅让你看上去非常轻浮，还会让居心不良的坏人盯上你。因此，在上学期间，你最好不要和同学攀比衣着和物质，简简单单、大大方方才是最安全的行事风格。

5.任何事情，都可以告诉妈妈

女儿，在你成长的过程中，妈妈永远都是你最为可靠的"保险箱"。无论你遇到了情感方面的困惑，还是遇到了难以启齿的小秘密，都可以毫无保留地告诉妈妈，妈妈非常乐于跟你分享解决这些问题的小技巧。在这个世界上，大多数妈妈都是你们成长过程中的好闺密、好知己、好朋友，永远不会嘲笑你们的任何缺陷，任何时候，你们都可以放心大胆地信赖妈妈，不必担心她们会在背后乱传你的"小八卦"。

女儿，妈妈跟你说的这5个自我保护的小技巧，你记住了吗？其实在你成长的过程中，需要掌握的自我保护技巧还有很多很多，但这5个小技巧却是最重要的，因为它们不仅可以让你远离一些潜在的危险，还能让你在事后更快速地走出阴影。

求救信号要记清，危难时刻管大用

女儿，你知道吗，当我们遇到危险时，除了拨打110报警电话，还有一种求救办法，那就是发射求救信号。这些求救信号可以让你在关键时刻获得别人的关注，为你赢得求生的机会。可是，女儿，你在日常生活中往往只熟悉拨打报警电话这一种求救方式，对其他求救信号的种类了解得不是很清楚。因此，妈妈在这里有必要跟你好好聊一下有关求救信号的分类、特点以及使用场合。掌握了这些求救信息，你就有可能在危难时刻得到紧急救助。

女儿，你在电视上应该看到过这样一种场景，被困孤岛的人为了让别人获知他的信息，便在岸边燃起一堆熊熊的篝火，篝火可以让在高空盘旋的飞机留意到地面的情况，对方一看就知道下面有人需要救援。还有的人被困在岛上时，会在沙滩上画出一个巨型的求救信号"SOS"，救援人员在高空看到这个信号，也会获知被困人员的具体位置。试想一下，如果这些被困人员在危难之时只是躺在沙滩上哭喊着等待救援，很可能就会错过宝贵的救援机会，从而失去生命。在现实生活中，掌握一些必需的求救信号，同样可以挽救你的生命。下面你不妨和妈妈一起看看这个案例吧。

2018年12月，杭州一个加油站发生了一件让人后怕的事情。当时，加油员小柴正认真地给客户加油，一辆小轿车驶进了加油站，一切看上去都很正常。但是当加油员小柴站在车窗外，问车内客人"要加几号油"以及"加多少"的时候，车内的人没有任何反应。副驾驶座上的小女孩和开车的女士都一言不发，小女孩还不停地对着加油员小柴眨眼睛。小柴又问了一遍，这时候从车后座传来一个男子的声音，告诉小柴说"加200元的"。小柴虽然觉得奇怪，但是也没发现有什么不对劲的地方，得到客人的回答以后，就开始给车子加油了。等车加满油的时候，小柴将加油枪挂好之后准备去收钱。这个时候从车里递钱过来的那个小女孩的手不停地在抖。小柴突然觉得情况有点儿可疑，再看一眼车窗里的小女孩，她的眼神里好像充满着绝望，她还对着小柴一字一字地用唇语在说："救救我"。这个时候小柴才反应过来，偷偷将车牌号拍了下来，然后及时报警求助，警方很快将持刀挟持母女的歹徒抓获归案。

案例中的小女孩，通过向加油站工作人员发"唇语"求救的方式吸引了工作人员的注意，从而成功被警方解救，挽救了自己和妈妈的生命。女儿，看完这个案例之后，你有没有意识到求救信号的重要性？在危急时刻通过向他人发出求救信号来获取救援，是一种非常有效的求救手段。当然，在现实生活中，除了案例中的小女孩所使用的求救方法之外，还有6种求救信号是比较常用的，女儿，你不妨好好了解一下。

1.声响求救信号：

女儿，当你被困在某个地方，没办法拨打电话，而周边的人又注意不到你时，你可以采取大声喊叫、吹响哨子或猛击脸盆等方法，向周围的人发出求救信号。当别人听到你发出的求救声音时，就会赶过来救你。这个办法同样适用于被困于车内的孩子，如果你不小心被困于车内，应该通过按喇叭或拍打车窗的方式向路过的行人求救。很多被困于车内的孩子，因为不懂得发出声响求救，只会大声哭喊，最终酿成了窒息身亡的惨剧。

2.反光求救信号：

女儿，当你遇到危险时，可以使用手电筒、玻璃、镜子反射太阳光的方法，让别人发现你。标准的反光求救信号是每分钟闪照6次，停顿1分钟后，重复同样的信号。在现实生活中，如果情况紧急的话，你可以通过来回晃动手电筒或镜子的方式来引起他人注意。这个办法同样适合火灾救援。当你被困在窗口，浓烟淹没了你的身影时，你可以通过晃动手电筒的方式让消防人员获知你的具体位置。

3.抛掷软物求救信号：

当你在高楼遇到危难时，可以通过向楼下抛掷软物，如纸飞机、枕头、塑料空瓶等，向地面人员发送求救信号。同时你还应该在这些物体上写上"救命"两个字，最好还能将你的具体房间以及姓名一并写上，以便警方能在第一时间找到你。当然，在高楼上抛掷物体时，你一定要注意选取柔软的物体，以免物体从高处坠落时砸伤路人。

4.浓烟求救信号：

女儿，你在野外遇到危险时，白天可以燃烧新鲜树枝、青草等植物，通过发出烟雾的方式来向他人求救；晚上可以点燃柴火，通过发出红色火光的方式向周围发出求救信号。一般而言，黑色烟雾在沙漠或雪地上会显得非常明显，不失为一种很好的求救信号。

5.符号求救信号：

女儿，"SOS"是国际通用的求救符号，当别人看到这个求救信号时，就知道你陷入了危险之中，正在等待救援。在紧急情况下，你可以用树枝、石块或衣服等物品在空地上堆出一个大大的"SOS"，以便向高空发出求救信号。女儿，你要注意，如果你所处的地方非常空旷，那么你就需要将"SOS"刻画或摆放得大一些，以便飞机可以从高空看到你。

6.旗帜求救信号：

女儿，当你遇到危险时，还可以将一面旗子或颜色鲜艳的布料绑在木棍上连续挥动，做"8"字形运动，如果你和对方的距离比较近的话，那就没必要来回画"8"字，只需来回挥动旗帜就可以了。

　　女儿，以上几种求救信号你现在了解清楚了吗？如果不清楚的话可以再仔细琢磨一下。要知道，这些求救信号可以在关键时刻派上大用场，甚至可以说是危急时刻的救命稻草，妈妈希望你能认真地学习并且掌握如何使用它们。

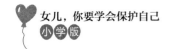

不妨和家人或同学进行一场安全演练

　　女儿，现在的你已经了解了不少安全知识，但多数情况下，这些知识只存于你的头脑里，并未实际运用过。所以，妈妈觉得你非常有必要跟家人或同学进行一场安全演练，让你可以在"模拟情景"下检验一下自己所学到的安全知识。

　　说到这里，妈妈想起了去年你跟同学们一起进行过的那次消防安全演练，你还记得吗？当时你和同学每人手里拿了一块湿布，用它捂着口鼻，然后蹲下身体，顺着楼梯依次往楼下撤离。当时你做得棒极了，回家之后还把自己在学校学到的消防知识教给我和爸爸。妈妈希望你能够多掌握一些安全知识，并且希望你能有机会多参加一些安全演练，掌握这些知识和技巧，因为它们在关键时刻能拯救你的生命。下面这个案例中的小女孩，就将自己在学校学到的安全知识成功地运用到了实践中，从而挽救了自己的生命。

　　2019年6月17日下午3点，湖南省衡山县某小学四年级女生小怡和往常一样，与哥哥、弟弟结伴回家。读一年级的弟弟贪玩，边走边甩书包，不慎将书包甩落到水库边沿。小怡只身前往水边帮弟弟捡书包，这时意外发生了——她脚底一滑摔进了水中。

掉下水的小怡虽然很害怕，但是她并没有惊慌，而是谨记老师的叮嘱，在落水后表现得格外镇定，既没有哭喊也没有挣扎乱动。由于书包掉入水中后能短暂地漂浮在水面上，小怡便借助背后漂浮的书包，将头枕在书包上，仰天放松，浮在水面的书包便成了她临时的"救生衣"。沉着冷静的小怡还不忘叮嘱哥哥和弟弟，不要下水去救她，而是赶紧去叫人来救援。哥哥急忙叫来了三位过路的初中生和一位中年大叔。中年大叔看到眼前的情况后立马找到了一根较长的楠竹，此时的小怡已经被水库中的水流带到离岸边5米左右的位置，但她还是很淡定地漂浮在水上。在中年大叔和几位少年的帮助下，小怡机敏地抓住竹竿，慢慢地被救上了岸。

女儿，女孩小怡的表现堪称一场"教科书式"的自救，她在溺水时没有胡乱挣扎，而是保持镇定，最终挽救了自己的生命。事后人们了解得知，小怡的学校经常对学生进行安全教育，并且还组织学生进行安全演练。小怡在落水时正是想起了自己在学校学到的安全知识，才能保持镇定，自救成功。女儿，现实生活中不可能每个人都像小怡那样幸运，妈妈不希望你等到陷入危难之时，才去尝试自己所学过的安全知识，这样的尝试实在太过危险。所以妈妈想跟你进行一些安全演练，让你将平时所学的安全知识全部应用到实践当中，只有这样，才能增加你自救的成功率。以下几个安全演练，妈妈觉得很有必要，我们不妨一起"实践"一下吧。

1.溺水时，我们应该这么做

溺水时，千万不要手忙脚乱，胡乱扑腾，这样只会快速消耗完你的体力。正确的做法是保持冷静，放松全身，让你的身体尽可能地漂浮在水面上，然后将头部浮出水面，用脚踢水，快要沉水时用手掌向下压水。你在游泳时，不妨演练一下这几个漂浮动作，直到可以漂浮成功为止。

2.着火时，我们应该这么做

遇到火灾时，你要及时观察着火楼层，一般而言，如果着火楼层位于你所

在楼层的下方，那么你应该努力往上跑。如果着火楼层位于你的上方，那么你则应该想办法往楼下跑，逃离时应该用湿布捂住口鼻，弯腰通过逃生通道走出去。如果你打开门，发现楼道里已经布满了浓烟，这个时候千万不要冒险往外跑，正确的做法应该是返回屋内，关紧门窗，减少浓烟进来，然后选择阳台、窗户这些地方进行自救或等待救援。这个消防演练，你在家的时候不妨和爸爸妈妈一起实践一下。

3.地震发生时，我们应该这么做

女儿，你在学校，不妨和同学进行一下"防震疏散演练"。当一名同学发出警报铃声时，你和其他同学应该迅速蹲在课桌下面，然后拿起书包护住头颈部，立即沿楼道有序撤离到操场等安全地带。到达操场后，你们千万不要四处乱跑，而应该站在原地，等待老师过来清点人数。

女儿，妈妈希望你能有机会参加各种各样的安全演练，通过演练学会把所掌握的安全知识运用到实践当去。只有这样，你才能在遇到危险时，沉着冷静地想办法进行自救。

第九章

任何时候，爸妈都是最爱你的人

女儿，任何时候，爸爸妈妈都是这个世界上最爱你的人。你是妈妈的"贴心小棉袄"，今后有什么样的小秘密，都可以找妈妈谈，千万别一个人闷在心里。发生再大的事情，我们都会陪在你的身边，保护你、引导你。只是，或许现在的你，还不明白这份爱究竟有多么深沉，看完这一章的内容，也许你会理解我们吧！

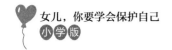
任何秘密都可以跟妈妈说

女儿，步入小学的你，开始进入了一个崭新的人生阶段，你再也不是那个倚在爸爸怀里肆意撒娇，有什么烦恼都会毫无保留地告诉妈妈的小女孩了。现在的你，逐渐开始有了自己的小秘密，你将这些小秘密藏在心里，不愿再跟爸爸妈妈分享了。这一切都表明，我的女儿渐渐长大了，变成了一个开始拥有秘密的大姑娘了。

可是，妈妈在欣慰之余，也会感到一丝丝的伤感，妈妈多么希望能陪你一起度过小学这个特殊的阶段，在你懵懂无知的时候告诉你正确的做法是什么，在你慌乱的时候告诉你应该如何看待这件事情，在你犯错的时候告诉你应该如何想办法去补救。当你平安度过了这个特殊的阶段之后，妈妈就会慢慢放手，让你自己去感受真正的人生百态。所以，女儿，妈妈希望你能跟爸爸妈妈分享一些小秘密，别让这些小秘密藏在心里扰乱你的心情。如果你觉得这些秘密不方便跟爸爸分享的话，那就只告诉妈妈一个人好了，妈妈答应你会做一个最可靠的"好闺密"，不把你的这些小秘密告诉别人。

妈妈这么说，并不是想窥探你的生活隐私，妈妈只是担心，你这个年龄段的孩子，遇到问题时还缺乏必要的判断能力和应对能力，不能正确地解决生活和学习上遇到的各种问题。如果把一些事情埋在心里会对你的身心造成伤害。

看完下面这个案例，你就明白妈妈说的话究竟有没有道理了。

2019年4月，深圳11岁的小学生小燕上体育课时突然晕倒了，妈妈吴女士赶到学校后，小燕才告诉妈妈，自己晕倒是因为穿了束胸衣。妈妈听到这话，非常纳闷。

原来，11岁的小燕最近身体悄悄发生了变化，胸部渐渐鼓起，而她却不敢告诉家人。更令她烦恼的是，在一次体育课上，她的"小秘密"被班上几个调皮的男孩发现后，他们竟然取笑她是个"丑八怪"！这让小燕很难为情，她回到家躲在房间哭了好几次，然后突然想到古装电视剧里"女扮男装"的桥段，这些女孩都是扎起头发、用厚厚的束胸衣裹住胸部，这样其他人就看不出来了。于是小燕独自去超市买了束胸衣，费力地套上去后，她连气都喘不上来了。不过这样，她的胸部总算是变平了。可是，体育课上大量的活动和有些闷热的天气让小燕汗如雨下，呼吸困难，眼前一黑就晕倒了。

小燕的胸部鼓起只是一种正常的生理发育现象，每个女孩到小燕这个年纪都会经历这样的身体变化，没必要感到难为情。可是小燕在发现自己的身体变化之后，并不清楚这是怎么一回事，她把这个"小秘密"一直埋在心里，没有向妈妈求助，而是自作主张买了束胸衣来掩盖这个"小秘密"，结果在体育课上因为呼吸不畅晕倒了。

女儿，如果有一天，你发现自己的身体有了一些小变化，一定要把这些"小秘密"告诉妈妈。妈妈会告诉你这些变化究竟是怎么一回事，然后帮你共同解决这些小烦恼。女儿，你在小学阶段，还有可能会遇到以下几种情况，妈妈希望你能跟妈妈一起分享这些"小秘密"，千万不要一个人闷在心里。

1.你身体出现的任何变化，都可以告诉妈妈

女儿，随着年龄的增长，慢慢地你会发现自己身体出现了一些小变化，比如胸部突起了，或者来月经了，这些变化只是正常的生理现象，表明你的身体

开始正常发育了。千万不要感觉难为情，更不要背着妈妈做出一些伤害自己的行为来。这个时候，你不妨把这些"小秘密"统统告诉妈妈，妈妈会跟你好好聊一下这些"小秘密"，然后告诉你接下来应该如何面对它们。

2.如果你有了学习压力，也要及时告诉妈妈

女儿，如果你在学习上遇到了一些压力，千万不要硬着头皮一个人默默承受，你完全可以把心中的烦恼毫无保留地告诉妈妈，妈妈会想办法跟你一起分担这些压力。如果你感觉学习吃力了，妈妈可以想办法帮你一起把落下的知识补上来；如果你感觉最近的学习状态太紧张了，妈妈可以带你出去放松放松。总之，千万不要把这些压力憋在心里，因为憋的时间越久，你越感到痛苦。

3.如果你有了喜欢的人，不妨听听妈妈的建议

女儿，如果有一天你发现自己喜欢上了某个男同学，千万不要把这个"秘密"藏在心里，这样只会让你更加受煎熬。一般情况下，解决这类问题的最好方式，并不是强力压制，而是慢慢引导。如果你把这个秘密跟妈妈分享了，妈妈会站在一个大人的角度，帮你好好分析一下这个男孩的优缺点，然后引导你以一个更加成熟的角度去看待这份"恋情"。妈妈还会想办法帮你把这份爱恋转化成学习的动力，直到你安然无恙地走过这段懵懂时光。

女儿，请你放心，以上的这些"小秘密"，妈妈一定会为你保守，绝对不会因此而嘲笑你、打击你。妈妈多么希望，自己能像一个亲密的好友那样陪伴你走过这段懵懂而青涩的小学时光，在你迷茫时拥抱你，在你失落时扶持你，和你成为无话不谈、亲密无间的知心朋友哇！

发生再大的事情，父母都会陪在你身边

　　女儿，妈妈曾经无数次抚摸着你熟睡后的脸庞，在心里喃喃自语：宝贝，谢谢你来到我们这个家，选择我们做你的爸爸妈妈，我和爸爸一定会竭尽所能地爱护你、陪伴你，让你做世界上最幸福的小公主。在你成长的路上，难免会遇到各种风风雨雨，妈妈想要告诉你的是，今后无论发生再大的事情，爸爸妈妈都会陪在你的身边，永远不离不弃。

　　我相信，这个世界上的很多父母都会和我们一样，对儿女有这样一份深沉的爱意和承诺，但是很多时候，内敛的他们却羞于对自己的孩子这样直接地表达爱意，以至于亲情也跟着疏远了许多。妈妈遇到过许多不会表达爱意的父母，也遇到过许多不懂父母爱意的孩子。这样的亲子关系没法让孩子获得足够的安全感，每当他们犯了错误时，第一时间想到的事情不是好好地和父母沟通，商量一下接下来怎么办，而是会想尽办法掩盖真相，不让父母发现。

　　妈妈曾经听过这样一个真实的故事，一个年仅10岁的孩子不小心打碎了家里的一个暖水瓶，他害怕被严厉的父母责骂，便惊恐地从家里仓皇逃出，最后不幸被人贩子拐卖到了很远的地方。而他的父母则带着深深的愧疚和懊悔痛苦了很多年。如果时光可以倒流，如果他的父母能够早点儿让孩子知道，"宝贝，我们爱你，今后无论发生再大的事情，我们都会陪在你身边"，那么，那

个不小心打碎了花瓶的孩子说不定就不会那样惊恐与忐忑。可悲的是，现实生活中因为害怕被父母责骂而做出荒唐举动的孩子比比皆是，现在我们就来看看下面这个案例吧。

2014年4月的一天上午，一个突然而至的电话让宁波象山的曹先生慌了神。老师说，曹先生10岁的女儿奇奇早上没去学校上学。曹先生越想越慌，于是夫妻俩兵分两路，一边报警一边沿路寻找孩子。民警勘查了村子周边和学校门口的监控，都没有发现奇奇的身影。因此，民警判断，孩子应该还在村子里，劝曹先生先回家看看。果不其然，不出半小时，曹先生就带着奇奇来到了派出所。"我一到家，看到孩子就在家里。孩子说，她上学路上被人绑架了！"绑架是大事，民警赶紧问奇奇怎么回事，可她说话吞吞吐吐，一会儿一个说法，就是说不清楚自己是在哪儿被绑架的。

民警单独询问了奇奇半天才得知真相：原来奇奇是个读书迷，在学校借了本小说。可是在家里，父母不让她看，只允许她看学习类的书。眼看还书时间快到了，书还没看完，奇奇只好跑到超市旁的空地来"用功"，结果错过了上学时间。她怕被父母责罚，干脆撒谎说自己被绑架了。奇奇爸爸听完，扬手就准备打女儿一个巴掌，幸好被民警及时制止了。

女儿，案例中的奇奇因为看小说入了迷，结果错过了上学的时间。她害怕被父母责罚，便自编自导了这样一场闹剧。这件事，表面上看是奇奇太过淘气，不听话，其实从深层次来看，还是因为奇奇在父母这里没有得到足够的安全感。当她犯了错误之后，第一时间想的不是弥补过失，而是编造更大的谎言来逃避父母的惩罚，由此可见奇奇父母平时对她的教育方式有多么简单粗暴。女儿，如果你有一天遇到了这样的事情，只需诚恳地告诉爸爸妈妈就可以了，爸爸妈妈会反思自己的教育方式，多给你预留一些读课外书的时间。如果你不小心错过了上学时间，爸爸妈妈可能会批评你几句，但绝对不会不问青红皂白就扬手打你巴掌。在你今后的生活中，无论发生什么样的事情，都要相信，父母会永远陪着你一起面对，你千万不要做下面的这些傻事。

1.犯了错，千万不要想着逃避

女儿，人非圣贤孰能无过？犯错并不可怕，可怕的是犯了错却不想着弥补，而是想方设法地欺骗父母，一味逃避。撒谎只会让你的错误越犯越大，而一味逃避则只会让问题变得越来越糟糕。所以，今后无论你犯了什么错，都不要因为害怕父母的责骂而做出荒唐的举动。你要知道，再严厉的父母内心都是爱你的，并不会因为你偶尔犯的小错误就不再爱你。

2.遇到再大的困难，都不要破罐破摔

女儿，如果你有一天遇到了难以承受的困难，一定不要破罐破摔，自暴自弃，而应该努力想想办法，看如何才能解决困难。如果你觉得自己看不到未来的希望，那么也别忘了身后还有一直默默陪伴着你的父母，无论你遇到多大的困难，父母都会是你最大的温暖和依靠。

3.遇到再难堪的事情，都不能放弃生命

女儿，如果有一天你遇到了极为难堪的事情，纵使整个世界都在嘲笑你、轻视你，你也要相信，爸爸妈妈永远都是站在人群里为你鼓掌的那两个观众。假如有一天，你在学校受到了同学的排挤，在外面被坏人欺负了，也不要害怕，我们会紧紧抓着你的手，陪你面对旁人的冷眼和嘲笑。只要你的世界里还有爸爸妈妈这两束光在照耀着你，你就要好好地珍爱生命，顽强地生活下去。

女儿，纵有千言万语也道不尽爸爸妈妈对你的爱，无论你在成长过程中遇到多大的困难，你都可以在心里反复默念一句话："发生再大的事情，爸爸妈妈都会永远陪着我。"这样，你就会获得无穷无尽的力量和信念。

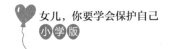
即便是父母也应当保持对你的尊重

　　孩子从来就不是父母的私有财产，他们自出生开始，就拥有独立的人格和尊严。作为父母，我们可以教导孩子如何去做正确的事情，却不能完全控制他们的生活，否则的话，孩子一旦长大，与父母之间便会出现一道永远也越不过去的鸿沟。女儿，自你出生开始，妈妈就一直努力把你当作一个独立的生命个体来对待，和你平等地交流、对话，或许有的时候妈妈做得还不够完美，但妈妈会一直努力。

　　尊重，是拥有独立人格的孩子首先应该享有的权利，即便是和你亲密无间的父母，也应该对你保持基本的尊重，尊重你发表意见的权利，尊重你的个人隐私。而那些"我是你爸，可以教训你""我是你妈，可以管你"的教育理念，早就落伍了。从某种角度来说，"爸爸"和"妈妈"只是家庭中的两个基本角色，他们和孩子在人格尊严上是平等的。现实中，很多父母因为不懂得尊重孩子，而将孩子置于自己的严密监控之下，或动辄打骂，这样的教育方式不仅难以达到理想的教育目的，反而有可能会对孩子的身心发育产生不良的影响。下面，我们一起来看一个案例吧。

　　2016年12月的一天晚上，一位妇女牵着一个小女孩来到渝北区某派出所值班

室，并大声说"快，把这个骗子关在这里"，说完扭头就走。民警还没反应过来，妇女已经消失得无影无踪。小女孩吓得脸色惨白，马上就要哭出来了，值班室的女民警赶紧安抚小女孩。等小女孩情绪平稳后，民警询问情况得知：小女孩名叫小花，今年8岁，12月7日学校组织游玩活动，活动结束后，学校将未用完的200元费用退给小花。小花私自将其中的一张百元钞票换成零钱，然后拿出2元钱买了零食。母亲知道后很生气，就将她扔到了派出所，准备吓吓她。民警告诉小花遇事要多和爸爸妈妈讲，不要做不诚实的孩子。同时，民警也提醒小花母亲，用这种方式教育孩子非常不妥，教育孩子应以说服引导为主。

女儿，案例中的小花私自拿了2元钱买零食，的确做得不对，她完全可以光明正大地找妈妈商量一下。但是，妈妈的做法更加离谱，面对撒谎的女儿，她本来可以批评引导，但却采取伤害孩子自尊的方式，将孩子扭送到派出所，还直呼女儿为"骗子"，这件事情可能会给女儿幼小的心灵蒙上一层阴影。

女儿，你以后有任何事情都可以找妈妈好好商量，不要私自隐瞒。如果你能坦诚地告诉妈妈，妈妈也会认真聆听你的意见，尊重你的诉求。总之，妈妈希望你能成为一个自信、独立的好孩子，而不是父母的"附属品"。作为一个理应获得尊重的生命个体，妈妈非常支持你来捍卫以下这些基本的权利。

1.你的日记，父母没权利偷看

女儿，日记属于每个孩子的隐私，它们记录了你们在成长过程中遇到的快乐和烦恼，完全属于你们的私人秘密，父母没理由去偷看它们。现实生活中有的父母打着"关心孩子"的旗号，动不动就偷看孩子的日记，实际上是对孩子极其不尊重的一种表现。因此，女儿，你要记住，父母一般情况下都没权利偷看你的日记，如果你发现父母这么做了，一定要坚决表示抗议和不满。

2.父母做错事情，你有提出意见的权利

女儿，父母不是圣人，我们也有犯错的时候，作为家庭的一员，你完全有表达意见的自由和权利，可以直截了当地指出父母的问题所在。在一个民主、

平等的家庭里，大家都拥有自由表达意见的权利，父母可以指出你所犯的错误；同样，如果父母做错了事情，你也有提出意见的权利，这是你作为家庭成员应该得到的最起码的尊重。

3.父母当众羞辱你，你完全可以抗议

孩子错了，父母有批评教育的权利，但是却应当在尊重孩子人格的前提下进行。现实生活中有的父母因为孩子做错了事情，就将孩子的衣服扒光丢在外面，让孩子受尽羞辱；有的父母惩罚犯了错的孩子，非打即骂，这样的教育方式简单粗暴，极大地伤害了孩子的自尊心。不过，女儿你放心，爸爸妈妈是不会这么对待你的。

女儿，在平时的交流沟通中，妈妈希望能和你做无话不谈的好朋友，我们互相尊重、彼此监督、共同进步，好不好？

做错了事情不要担心，也不要隐瞒我们

女儿，如果有一天你不小心犯了错，记得告诉爸爸妈妈，千万不要瞒着我们，否则结果会比你预想中的情况更加糟糕。世界上没有不犯错的人，尤其是你们这些孩子，犯错之后，只需想办法补救就可以了，千万不要因为害怕被批评而选择隐瞒，因为这样做会在错误的道路上越走越远。

举个简单的例子，如果有一天一个孩子不小心打碎了一个花瓶，但是又害怕被妈妈发现，于是选择了向爸爸妈妈隐瞒真相，悄悄地把碎掉的玻璃碴儿踢到了厨房角落里，那么接下来会产生什么样的后果呢？说不定妈妈有一天在厨房干活儿时，不小心就会因踩在玻璃碴儿上而受伤，而这个孩子自己说不定某天不小心也会踩在上面被扎破小脚。女儿，妈妈举这个简单的例子是想告诉你，人在犯了错误之后，应该想办法进行补救，而不是一味隐瞒真相，任凭错误发展下去，否则只会让事情变得更加糟糕，而且有可能会让更多的人受到伤害。

12岁的小晶在海口某小学读五年级。有一天下午，小晶突然失踪了，老师和家长四处寻找，都没有发现小晶的踪影，直到4天之后，才有热心市民看到了小晶，将她送到了派出所。派出所的民警调查后得知，原来小晶"失踪"的那天上

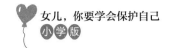

午，小晶和同桌的女生多次合伙"欺负"（用手敲打后背）坐在前排的男同学，老师知道后，对小晶和那名女生进行了批评教育，并且让她们当天下午把家长叫到学校。没想到，当天中午小晶到同桌女生家时，看到女同学被家长打骂，由于担心自己也有类似遭遇，她不敢回家，便离家出走了。

由于担心出事，老师带着同学们到处找小晶，因太着急，走路太快，一名老师的脚还扭伤了。

女儿，案例中的小晶因为"欺负"男同学被老师批评教育，并被责令回家叫家长，可是小晶因为害怕被父母责骂，就选择隐瞒不说，而且还悄悄离家出走了。这种做法令家长和老师都感到十分恐慌，老师还为此带着同学们四处找她。其实，对于小晶来说，正确的做法应该是选择向父母坦白自己所犯的错误，即便被父母批评几句，也没什么大不了的，下次只要改正错误，不再"欺负"同学就可以了，完全没必要隐瞒自己的错误。后来幸运的是，小晶被热心群众发现，并被安全带回了派出所。试想一下，如果小晶外出时碰到了坏人，被坏人拐卖或侵害，她的父母和老师该有多么难过。

所以，女儿，如果有一天你犯了错误，千万不要向父母隐瞒错误，这样做只会让后果变得更加严重。犯了错误之后，父母一般情况下会对你进行批评教育，但这样做的初衷不过是想让你认识到自己的错误，然后及时改正错误。这是对你负责的一种表现，而并不是单纯为了批评你。女儿，今后如果你做错了事情，为了避免事情变得更加糟糕，你不妨找个安静的地方想想如何跟父母沟通这件事情，但一定不要离家出走。

1.告诉父母你做这件事情的动机

女儿，你在犯错之后，别人看到的只是错误的后果，并不了解你这么做的动机。这时候你应该耐心地跟父母好好沟通一下，告诉父母，你为什么会想做这件事情，你的出发点是什么。经过沟通之后，父母可能就会理解你的真实想法，对你的错误有一个更深层的认识。如果你只是出于好心却办了坏事，那么

208

只要吸取教训，下次把它做好就可以了。

2.告诉父母，你接下来打算如何弥补错误

女儿，如果你不小心犯了错误，千万没必要隐瞒逃避，只需坦诚地告诉父母接下来打算如何弥补就可以了，毕竟勇敢面对、极力弥补才是面对错误最诚恳的态度。相信你在承担后果的过程中，会对错误有一个更加清醒的认识，这比父母的批评教育更加有效，相信你为错误付出了相应的代价之后，下次再遇到同样的事情，就不会那么粗心、鲁莽了。

3.面对父母的批评教育，应该保持良好的心态

良好的心态是你成长过程中的必修课，也是抗挫能力强的一种表现。生活中，每个孩子都难免会因犯错而遭受父母的批评。面对父母的批评教育，你应该抱有"有则改之，无则加勉"的平和态度，如果父母对你的批评教育正确、适当，那么你虚心接受就好；如果父母误解了你的行为，你要好好跟父母沟通，把问题说开就好，没必要强硬对峙，也没必要掩盖错误。

女儿，妈妈反对过度责骂孩子的教育方式，因为这种教育方式只会让孩子不敢正视自己的错误，反而容易让孩子在出了事情之后想办法逃避。妈妈不希望你成为这样的孩子，因此会格外注意自己的言行举止，但同时妈妈也希望你能正确看待父母的批评教育，认真改正自己的错误。

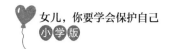
我们真的是为你好，面对我们的嘱咐不要唱反调

女儿，在你7~9岁这个阶段，你会经历人生中的第二个叛逆期，这个阶段的孩子开始有了强烈的自我意识，希望凡事能够自己做决定，并且非常反感父母的叮嘱和唠叨。有的时候，父母越唠叨，你越厌烦，甚至不惜和父母唱反调。这种"唱反调"的行为，在心理学上有个专业的名称，叫作"逆反心理"。在成长的过程中，每个孩子都会表现出或多或少的"逆反心理"，这是一种非常正常的现象，父母并不会因此而将你归为"另类"。

但是，女儿，你在和父母唱反调的时候，不应该为了唱反调而反对父母提出的所有建议，你应当认真思考，有选择地去听取。

有句古语叫作"前车之覆，后车之鉴"，意思就是说前人经历的失败，都可以被后人拿来当教训。同样，这句话也适合亲子教育。父母作为成年人，具有丰富的人生阅历，也经历过很多失败和挫折，我们在这些失败和挫折中吃尽了苦头，才换来了一些宝贵的经验教训。我们非常希望能把这些经验教训传授给自己的孩子，以免孩子在同样的问题上栽跟头。我们对你的嘱咐和唠叨并不是为了限制你的自由，而是发自内心地为你好，想让你少走一些弯路，少吃一些苦头。如果你只是为了彰显自我，就和父母对着干，那么受伤的也许只会是你们自己。女儿，你不妨来看看下面这个案例吧。

2013年6月的一天晚上，一对夫妇急匆匆地赶到新兴警务站报警称，他们11岁的女儿小菲不见了。据小菲的母亲梁女士说，女儿小菲读小学五年级，离开家已有一天一夜。至于孩子为什么这么晚离开家，夫妇为什么现在才报警，两人刚开始支支吾吾，后来才说出女儿喜欢打扮，还爱上网，出于担心，他们停掉了网络。14日当天，女儿无法上网后与他们赌气，被数落了几句后就悄悄离家了。不过还好，当晚10时许，警务站接到小菲父母打来的电话称，女儿小菲已经找到，并且安全回到了家里。原来小菲只是赌气离家在好友家待了一天，待情绪平复后便回了家。

女儿，案例中的小菲平时喜欢打扮，喜欢上网，这种行为可能会对学习产生不良影响，爸爸妈妈出于担心，才停掉了网络。父母这种做法虽然有点儿粗暴，但出发点却是为了孩子好，小菲不应该因为父母的批评教育就贸然出走。一个11岁的女孩子大晚上离家外出，万一遇到坏人，后果不堪设想。女儿，如果你遇到这样的事情，千万别嫌父母唠叨，父母反复叮嘱你的目的，只是想让你改正错误，好好学习。如果有一天，你面对父母的叮嘱和唠叨，真的有了"逆反心理"，不妨试试下面几个办法吧。

1.多想想父母的辛苦，他们唠叨也是为你好

女儿，如果有一天你厌烦了父母的唠叨，别想着怎么和父母作对，那样对你并没有好处。凡事多想想父母的辛苦，想想父母对你唠叨的出发点是为了什么，是不是真的在为你考虑。等想明白这一点，你就会换个角度来看待父母的唠叨，至少不会故意选择和父母唱反调了。

2.感激每一个对你提出意见的人

女儿，一个真正对你好的人，并不会一味夸赞你，相反，他们看到你身上存在的问题后，会毫不犹豫地帮你指出来，哪怕他们说话的语气非常严厉。对于这样的意见，你应该虚心接受，对于提出意见的人，你更应该表示感激，因为他们指出你的不足，并不是为了打击你，恰恰相反，他们只是想让你变得更

加优秀。同样，如果父母对你提出了批评意见，你也应该心怀感激，而不是反感。

3.如果你觉得父母的唠叨不对，可以耐心沟通

女儿，妈妈承认，父母的一些建议和唠叨也许真的很老套，有时甚至是错误的，但请你不要嗤之以鼻，你可以找时间好好跟父母沟通一下，说不定还可以改变父母的陈旧观念呢。如果父母依然固执己见，也请你不要对着干，你只需坚持做你自己认为正确的事情就可以了。

女儿，妈妈想象不出，如果有一天，你仅仅因为嫌弃妈妈的唠叨和叮嘱，而唱反调，甚至做出一些伤害自己的事情，那么妈妈该有多么难过！女儿，天下没有不唠叨的父母，我们的每一份唠叨，都饱含着对你深深的爱意，希望你能多包容爸爸妈妈的唠叨。

任何情况下都不要离家出走

女儿，无论发生任何事情，家都是你最可靠的港湾，它会紧紧地拥抱着你，让你慢慢走出阴霾。妈妈想要告诉你的是，今后无论在任何情况下，都不要离家出走，因为这样不仅不能解决问题，还有可能让你受到更大的伤害。所以女儿，你有任何事情都可以跟爸爸妈妈好好沟通，千万不要因为一时冲动就离家出走。

离家出走之后，万一你在外面遇到危险，即便爸爸妈妈再担心，也不能第一时间赶过去救你。女儿，一时的逃避并不能解决问题，它只会让事情变得更加糟糕。有些孩子在离家出走之后被人贩子拐卖到了偏僻的山沟，很难再与父母相见；有些孩子在离家出走之后，跟着坏人坑蒙拐骗，走上了犯罪的道路；有些小女孩在离家出走之后，被居心不良的坏人骗走性侵，身心都遭受了很大的伤害。所以女儿，你千万要记得，任何情况下都不能离家出走，以免让自己落入坏人手里。下面这个案例中的小女孩，就是因为一时冲动离家出走，结果让自己陷入了深深的懊悔之中。

2019年1月8日下午，西安市阎良区一位学生家长到派出所报警称，其刚满11岁的女儿遭人强奸。值班民警感觉案情重大，立即向所领导汇报。经走访调查，

民警在阎良区五区十字附近将犯罪嫌疑人抓获并带到分局办案中心。经审讯，2019年1月6日，43岁的犯罪嫌疑人房某某，在街道上看到了因和家长吵架赌气离家出走的11岁女孩，于是甜言蜜语骗取孩子信任后，便带女孩回到自己的租住处。当晚，房某某采取恐吓、威胁，拍摄女孩的不雅照等手段，对女孩实施了性侵。

女儿，案例中的11岁女孩仅仅因为跟家人吵架赌气，便离家出走，结果被陌生男子带走，遭受了性侵害。如果小女孩在与家人发生冲突后，能待在家里稍微冷静一下，没有贸然外出，那么就不会遭受这样的侵害。女儿，如果你因为离家出走而遭受了这样的侵害，那么爸爸妈妈将生活在永无止境的懊悔之中，无法原谅自己。

女儿，生活中，每时每刻都在发生这样的事情，有的孩子因为父母批评了自己几句，就选择离家出走；有的孩子因为不想去学校读书，就偷偷离家出走。他们不知道外面的世界有多么凶险，只因为一时冲动，就离开了那个原本可以保护自己的家。女儿，妈妈不希望你因为小事就负气离家出走，如果有一天你和父母发生了争吵，或者感觉生活太压抑了，可以试着用下面几个方法去缓解。

1.关上房门，自己冷静一会儿

每个人都会有冲动的时候，小孩子也不例外。女儿，如果有一天你和爸爸妈妈发生了争吵，觉得委屈难过的话，可以把自己关在卧室里面，好好冷静一会儿。等你彻底冷静下来之后，再找合适的时间与爸爸妈妈好好沟通一下，千万不要赌气离家出走，那样只会让你受到更大的伤害。

2.压力大的时候，可以约同学吃饭、聊天

女儿，如果你在生活中或学习上感受到了巨大的压力，这些压力压得你喘不过气来，只想一个人出去走走的话，那么你不妨约几个要好的朋友一起吃吃饭，聊聊天，将自己心里的压力好好排解一下。面对压力，舒缓心情才是最好的解决办法，离家出走只能使你暂时逃避问题，等你回家之后，它们依然会没完没了地困扰你。所以，离家出走并不是解决问题的好办法。

3.想出去走走的话，不妨和父母相伴旅游

女儿，如果有一天你产生了出去走走、看看外面的世界的想法，千万不要像电影里演的那样，说走就走，这样的做法一点儿也不潇洒，相反它很容易给你带来难以预测的危险。如果你真有这样的想法，不妨和父母商量一下，进行一次愉快的家庭旅游，说不定等你旅游回来之后，内心就平静了不少，而且有父母的贴身陪伴，你完全不用担心安全问题。

女儿，对你而言，家才是最温馨的港湾，无论你遇到什么事情，都应该在家里解决。外面的世界太过复杂，女孩一旦独自出去，就会面临各种各样的危险，妈妈不希望你用自己的生命安全去冒险。如果有一天你在冲动之下迈开了离家出走的步伐，请多想想爸爸妈妈对你的爱护和牵挂，希望你能及时折返回家，家的大门会永远为你敞开着。